Grollius

Thermodynamik für den Maschinenbau

Horst-W. Grollius

Thermodynamik für den Maschinenbau

HANSER

Über den Autor:
Univ.-Prof. Dr.-Ing. Horst-W. Grollius, Bergische Universität Wuppertal, Fachbereich D, Abteilung Maschinenbau, Fachgebiet Konstruktionstechnik

Print-ISBN: 978-3-446-48079-7
E-Book-ISBN: 978-3-446-48388-0

Bibliografische Information der Deutschen Nationalbibliothek:
Die Deutsche Nationalbibliothek verzeichnet diese Publikation in der Deutschen Nationalbibliografie; detaillierte bibliografische Daten sind im Internet unter http://dnb.d-nb.de abrufbar.

Kolbergerstraße 22 | 81679 München | info@hanser.de
www.hanser-fachbuch.de
Lektorat: Dipl.-Ing. Natalia Silakova-Herzberg
Herstellung: Der Buchmacher, Arthur Lenner, Windach
Coverkonzept: Marc Müller-Bremer, www.rebranding.de, München
Covergestaltung: Tom West
Titelmotiv: © murmakova / AdobeStock
Satz: Eberl & Koesel Studio, Kempten
Druck: CPI Books GmbH, Leck
Printed in Germany

Inhalt

Vorwort

Für Studentinnen und Studenten des Maschinenbaus an Hoch- und Fachhochschulen wird das Fach Thermodynamik als „schwer" angesehen. Dies kommt durch die hohen Durchfallquoten bei den Klausuren zum Ausdruck.

Der in den Vorlesungen und Übungen gehörte Stoff wird – weil von vielen Studierenden kaum verstanden – durch Lehrbücher der Thermodynamik ergänzt. Diese sind in der Regel mit Stoff überfrachtet, der aus zeitlichen Gründen auch nicht annähernd nachvollzogen werden kann.

Das vorliegende Buch beschränkt sich deshalb bewusst in knapper Form auf die wesentlichen Inhalte der technischen Thermodynamik, die insbesondere die Studierenden des Maschinenbaus befähigen sollen, dieses Teilgebiet der Physik in seinen Grundlagen besser zu verstehen.

Die für dieses Fach benötigte Mathematik lässt sich mit den an Hochschulen und Fachhochschulen erworbenen Kenntnissen „spielend" bewältigen.

Die angegebenen Quellen sind lediglich als Hinweis auf weiterführende Literatur zu betrachten, deren Kauf schon aus Kostengründen wenig empfehlenswert ist. Wer allerdings nach dem Studium beruflich mit Themen der Thermodynamik zu tun hat, kommt nicht umhin sich mit weiterführender Literatur zu befassen.

Grundsätzlich ist zu sagen, dass in den Ingenieurwissenschaften die phänomenologische Thermodynamik zur Anwendung gelangt, als deren Begründer *S. Carnot* (1796–1832) gilt. Diese Art der Thermodynamik orientiert sich an den in der Natur auftretenden äußeren Erscheinungen (Phänomenen) und beschreibt die Sachverhalte von makroskopischen Zustands- und Prozessgrößen wie z. B. Temperatur, Druck, Volumen, Arbeit und Wärme. Die Stoffe werden als Kontinuum behandelt und nicht als Ansammlung von Atomen/Molekülen.

Im Gegensatz dazu geht die statistische Thermodynamik von den Atomen/Molekülen der Stoffe aus (mikroskopische Betrachtung) und wendet wegen der großen Anzahl von Teilchen statistische Methoden zu deren Beschreibung an.

Der Autor dankt Frau *Natalia Silakova* und Frau *Christina Kubiak* vom Carl Hanser Verlag, München, für die vielen nützlichen Hinweise zu Gestaltung des Buchs und die jederzeit gute Zusammenarbeit.

Weiterhin ist zu danken der Firma TENADO (Bochum), deren CAD-Software zur Erstellung der Bilder/Diagramme/Tabellen gedient hat.

Köln, im Juni 2024

Horst-W. Grollius

Zeichen

Nachfolgend sind die wichtigsten Zeichen aufgeführt; die hier nicht Genannten werden durch den erklärenden Text verständlich.

A	Fläche
B	Anergie
$\dot{B}$	Anergiestrom
$B(T)$	Virialkoeffizent
b	Spezifische Anergie
$\overline{C}_{\mathrm{mv}}$	Molare Wärmekapazität
COP	Coefficient of Performance
$C(T)$	Virialkoeffizent
c	Geschwindigkeit
c_{p}	Spezifische Wärmekapazität bei konstantem Druck
c_{v}	Spezifische Wärmekapazität bei konstantem Volumen
$\overline{c}_{\mathrm{p12}}$	Mittlere spezifische Wärmekapazität bei konstantem Druck für den Temperaturbereich t_1 bis t_2
$\overline{c}_{\mathrm{v12}}$	Mittlere spezifische Wärmekapazität bei konstantem Volumen für den Temperaturbereich t_1 bis t_2
$D(T)$	Virialkoeffizent
E	Exergie
E_{UV}	Exergieverlust – geschlossenes System

$\dot{E}$	Exergiestrom
$\dot{E}_{HV}$	Exergieverluststrom – offenes System
E_{kin12}	Änderung der kinetischen Energie $(1 \rightarrow 2)$
E_{pot12}	Änderung der potenziellen Energie $(1 \rightarrow 2)$
e	Spezifische Exergie
F	Kraft
G	Gewicht
g	Erdbeschleunigung
H	Enthalpie
$\dot{H}$	Enthalpiestrom
H_m	Molare Enthalpie
h	Spezifische Enthalpie
h_t	Spezifische Totalenthalpie
J_{12}	Dissipation $(1 \rightarrow 2)$
j_{12}	Spezifische Dissipation $(1 \rightarrow 2)$
k	Wärmedurchgangskoeffizient
$\overline{k}$	Isentropenexponent
L	Tatsächlich zugeführte Luftmenge
L_{min}	Mindest-Luftmenge
$M_{Menge\ O_2, C_xH_y}$	Mindestsauerstoffbedarf, Mindestmenge O_2 (Komponente)
M	Molgewicht
M_L	Molgewicht von Luft
M_W	Molgewicht von Wasserdampf
m	Masse
m_{ND}	Masse des Nassdampfes
$m^{/}, m_F$	Masse des flüssigen Wassers
$m^{//}, m_D$	Masse von gasförmigem Wasser (Wasserdampf)
m_{WS}	Masse von gesättigtem Wasserdampf
m_L	Masse von Luft

Δm	Massendifferenz
$\dot{m}$	Massenstrom
n	Molzahl, Drehzahl
$\overline{n}$	Mittlerer Polytropenexponent
P	Leistung
P_{EA}	Leistung $(E \longrightarrow A)$
P_{max}	Maximale Leistung
P_{SWP}	Leistung der Speisewasserpumpe
p	Druck
p_{abs}	Absolutdruck
p_{amb}, p_u, p_0	Atmosphärendruck
p_N	Normdruck
p_e	Überdruck
p_L	Druck von trockener Luft
p_W	Druck von Wasserdampf
p_{WS}	Sättigungspartialdruck von Wasserdampf
p_S	Dampfdruck von Wasser
p_{tr}	Druck am Tripelpunkt
Q	Wärme, Wärmeenergie
Q_C	Wärme, Wärmeenergie (Carnot)
$\dot{Q}$	Wärmestrom, Wärmeenergiestrom
$\dot{Q}_{EA}$	Wärmestrom, Wärmeenergiestrom $(E \longrightarrow A)$
$\dot{Q}_{ab}$	Wärmestrom, Wärmeenergiestrom (abgeführt)
$\dot{Q}_{zu}$	Wärmestrom, Wärmeenergiestrom (zugeführt)
q	Spezifische Wärme
q_{EA}	Spezifische Wärme $(E \longrightarrow A)$
R	Spezielle Gaskonstante
R_m	Universelle Gaskonstante
R_L	Spezielle Gaskonstante von trockener Luft

R_{fl}	Spezielle Gaskonstante von feuchter Luft
R_W	Spezielle Gaskonstante von Wasserdampf
S	Entropie
S_{irr}	Entropie im Inneren des Systems durch Irreversibilitäten
S_m	Molare Entropie
S_Q	Entropie bei Zu- oder Abfuhr von Wärmeenergie
$\dot{S}_{irr}$	Entropiestrom im Inneren des Systems durch Irreversibilitäten
$\dot{S}_Q$	Entropiestrom bei Zu- oder Abfuhr von Wärmeenergie
s	Spezifische Entropie
T	Temperatur
T_{KALT}	Unterste Temperatur (Carnot-Prozess)
T_{WARM}	Oberste Temperatur (Carnot-Prozess)
T_N	Normtemperatur
T_u	Umgebungstemperatur
t	Celsius-Temperatur, Zeit
U	Innerer Energie
U_m	Molare innerer Energie
U_u	Innerer Energie der Umgebung
u	Spezifische innerer Energie
V	Volumen
V_{OT}	Zylindervolumen (oberer Totpunkt)
V_{UT}	Zylindervolumen (unterer Totpunkt)
$V^{/}$	Volumen von flüssigem Wasser
$V^{//}$	Volumen von gasförmigem Wasser (Wasserdampf)
v	Spezifisches Volumen
$v^{/}$	Spez. Volumen von flüssigem Wasser
$v^{//}$	Spez. Volumen von gasförmigem Wasser (Wasserdampf)
W	Arbeit
W_N	Nutzarbeit

W_t	Technische Arbeit
W_V	Volumenänderungsarbeit
w_V	Spezifische Volumenänderungsarbeit
w_C	Spezifische Arbeit (Carnot-Prozess)
w_t	Spezifische technische Arbeit
X	Wassergehalt, Wasserbeladung
X_S	Wassergehalt, Wasserbeladung bei Sättigung
x	Dampfgehalt
$\overline{x}$	Exponent einer Zustandsänderung (allgemein)
y_{12}	Spezifische technische Arbeit $(1 \rightarrow 2)$
Z	Realgasfaktor
z	Geodätische Höhe
γ_V	Ausdehnungskoeffizient von Luft
$\overline{\gamma}$	Adiabatenexponent
ζ	Exergetischer Wirkungsgrad
η_{th}	Thermischer Wirkungsgrad
η_C	Thermischer Wirkungsgrad (Carnot-Prozess)
λ	Luftverhältnis
ξ	Massenanteil
ρ	Dichte
φ	Relative Feuchte
ψ	Molanteil

1 Grundbegriffe

1.1 Temperatur, Temperaturskalen, Normzustand

Der Mensch ist in der Lage, Gegenstände subjektiv als „warm“ oder „kalt“ zu empfinden. Zur zahlenmäßigen Beschreibung dieser Empfindung dient der Begriff Temperatur. In der Thermodynamik benutzt man die *Celsius*- oder (vorwiegend) die *Kelvin*-Temperatur.

Celsius hat zur Festlegung einer Temperaturskala Fixpunkte von reinem Wasser bei dem Normdruck von $p_{\mathrm{N}} = 1{,}01325\ \mathrm{bar}$ gewählt: Eis wird die Temperatur $t_{\mathrm{Eis}} = 0°\mathrm{C}$ und siedendes Wasser die Temperatur $t_{\mathrm{SW}} = 100°\mathrm{C}$ zugeordnet. Dieser Bereich besteht aus 100 gleichen Teilen.

Die *Kelvin*-Skala beginnt mit $T = 0\,\mathrm{K}$. Bei dieser (theoretischen) Temperatur spricht man vom absoluten Nullpunkt, dem auf der *Celsius*-Skala die Temperatur $t = -273{,}15°\mathrm{C}$ zugeordnet wird. Zur Veranschaulichung zeigt Bild 1.1 die Abhängigkeit des Volumens von der *Celsius*-Temperatur für drei unterschiedliche Ausgangsvolumina bei konstantem Druck. Die gestrichelten Linien deuten an, dass bei tiefen Temperaturen wegen der Verflüssigung des Gases keine Angaben gemacht werden können.

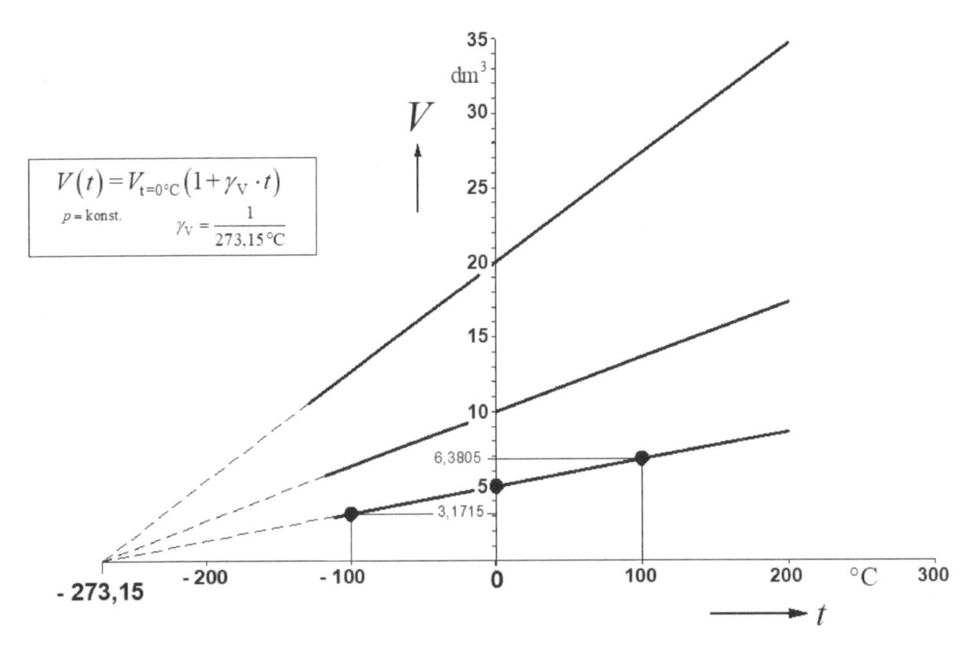

Bild 1.1 *V-t*-Diagramm – Gesetz von *Gay-Lussac* (ideales Gas)

Bei den nachfolgenden Überlegungen wird vereinfachend angenommen, dass bei gasförmigem Zustand für den Realgasfaktor $Z = 1$ gilt, dieser also von Druck und Temperatur unabhängig ist.

Die Ausgangsvolumina sind 5, 10 und 20 dm^3 bei $t = 0°C$. Beispielhaft soll am unteren *V-t*-Verlauf die Ermittlung der am absoluten Nullpunkt herrschenden Temperatur erläutert werden: Ein Gas in einen Zylinder, der an einem Ende mit einem beweglichem Kolben verschlossen ist, hat bei $t = 0°C$ das Volumen $V_{t=0°C} = 5\,dm^3$. Wird die Temperatur bei konstantem Druck auf 100 °C erhöht, wird ein Volumen von 6,3805 dm^3 gemessen. Wird die Temperatur bei konstantem Druck auf –100 °C gesenkt, wird ein Volumen von 3,1715 dm^3 gemessen. Bei Extrapolation der durch die Punkte gelegten Geraden ergibt der Schnittpunkt mit der Abszissenachse den Temperaturwert von –273,15 °C bei $V = 0\,dm^3$. Auch bei den anderen Ausgangsvolumina wird bei gleicher Vorgehensweise dieser Temperaturwert erreicht. Da ein negatives Volumen physikalisch unmöglich ist, handelt es sich bei der Temperatur von –273,15 °C um eine naturbedingte Temperaturgrenze, die nicht unterschritten werden kann und nur theoretisch erreichbar ist. Sie wird Temperatur am absoluten Nullpunkt genannt, die *Kelvin* mit $T = 0\,K$ festgelegt hat.

Dass der absolute Nullpunkt nicht erreicht werden kann, wird durch den 3. Hauptsatz der Thermodynamik (*Nernst'*sches Theorem) belegt. Jedoch können Temperaturen extrem nahe dem absoluten Nullpunkt realisiert werden.

Der *V*-*t*-Verlauf ist durch die Gleichung $V(t) = V_{t=0°C}(1 + \gamma_V \cdot t)$ darstellbar.

Basierend auf der naturbedingten Temperatur des absoluten Nullpunktes lässt *Kelvin* die nach ihm benannte Temperaturskala beim Startwert 0 K (–273,15 °C) beginnen und bei 0 °C liegt eine Temperatur von +273,15 °C vor (Bild 1.2).

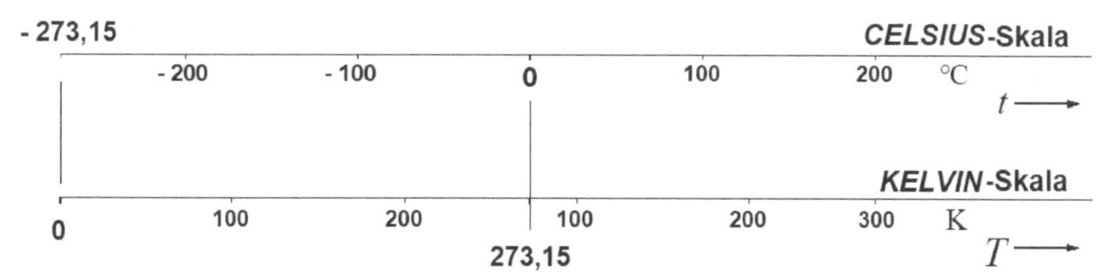

Bild 1.2 Die Temperaturskalen von *Celsius* und *Kelvin* im Vergleich

Daraus ergeben sich für die Umrechnung folgende Gleichungen.

Von *Celsius*- in *Kelvin*-Temperaturen:

$$T = t + 273,15°C \tag{1.1}$$

Von *Kelvin*- in *Celsius*-Temperaturen:

$$t = T - 273,15°C \tag{1.2}$$

Die *Kelvin*-Temperaturskala wird in der Physik wegen ihres naturgesetzlichen Nullpunktes der *Celsius*-Skala vorgezogen. Auch Gleichungen der Thermodynamik, die Temperaturen beinhalten, werden in aller Regel mit *Kelvin*-Temperaturen formuliert.

Da es sich bei beiden Skalen um gleich große Temperatur-Differenzen handelt, gilt als Skalen-Differenz $1\ \mathrm{K} = 1°\mathrm{C}$.

Als Normzustand wird mit $T_N = 237,15\,\mathrm{K}$ ($t_N = 0°\mathrm{C}$) die Normtemperatur und mit $p_N = 1,01325\ \mathbf{bar}$ der Normdruck festgelegt.

1.2 Druck, Absolutdruck, Überdruck

Der Druckbegriff soll anhand von Bild 1.3 erläutert werden. Es zeigt einen mit Gas gefüllten Behälter, der nach oben hin durch einen Kolben, auf dem ein Gewicht lastet, abgeschlossen wird.

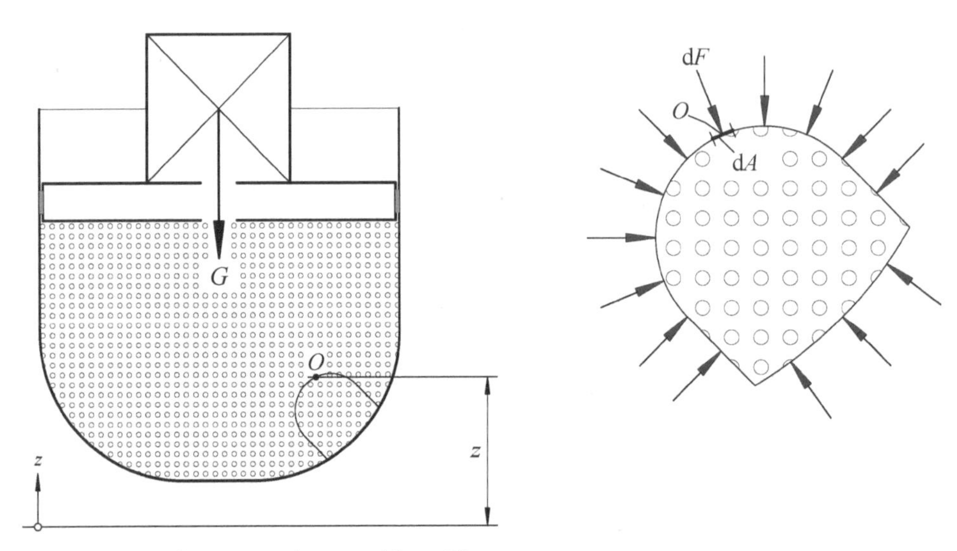

Bild 1.3 Zur Erläuterung des Druckbegriffes

Mit O wird ein Punkt des Gases gekennzeichnet, der auch gleichzeitig ein auf der Randfläche des herausgeschnittenen Gasvolumens liegender Punkt ist. An dem am Punkt O vorliegenden Flächenelement $\mathrm{d}A$ greift die Druckkraft $\mathrm{d}F$ senkrecht an (Normalkraft). Der Quotient

$$p = \frac{\mathrm{d}F}{\mathrm{d}A} \tag{1.3}$$

ist die Druckspannung, die auch kurz Druck genannt wird.

Die Größe des Druckes am Punkt O ist **un**abhängig von der Lage der durch den Punkt O gelegten Schnittebene. Der Druck p ist somit richtungs**un**abhängig und damit eine skalare physikalische Größe, die nur vom Ort im Gas abhängt. Allerdings spielt bei Gasen wegen ihrer geringen Dichte (im Vergleich mit Flüssigkeiten) die Änderung des Druckes aufgrund unterschiedlicher Höhenlagen z keine beachtenswerte Rolle, sodass die höhenabhängige Druckänderung vernachlässigt wird. Für den Druck des Gases im Behälter gilt also an allen Stellen $\boldsymbol{p \approx \text{konst.}}$ (Bild 1.3).

Die Maßeinheit (kurz: Einheit) des Druckes wird unter Verwendung der Basiseinheiten des Internationalen Einheitensystems (SI-Maßsystem) Kilogramm (Einheitenzeichen: kg), Meter (Einheitenzeichen: m) und Sekunde (Einheitenzeichen: s) mit Pascal (Einheitenzeichen: Pa) festgelegt:

$$1\ \text{Pa} = 1\ \frac{\text{kgm}}{\text{s}^2}/\text{m}^2 = 1\ \frac{\text{N}}{\text{m}^2} \tag{1.4}$$

Da die Einheit Pascal zu hohe Zahlenwerte ergibt, wird in der Praxis häufig die Einheit Bar (Einheitenzeichen: bar) verwendet:

$$1\ \text{bar} = 10^5\ \text{Pa} = 10^5\ \frac{\text{N}}{\text{m}^2} \tag{1.5}$$

Kleine Drücke werden in Millibar (Einheitenzeichen: mbar) oder in Hektopascal (Einheitenzeichen: hPa) angegeben:

$$1\ \text{mbar} = 0,001\ \text{bar} = 1 \cdot 10^2\ \text{Pa} = 1\ \text{hPa} \tag{1.6}$$

In den angelsächsischen Ländern wird oft noch die Einheit Psi (Einheitenzeichen: psi) verwendet:

$$1\ \text{bar} = 14,5\ \text{psi} \tag{1.7}$$

Zur Erläuterung der Begriffe Absolutdruck und Überdruck dienen die Skalen in Bild 1.4.

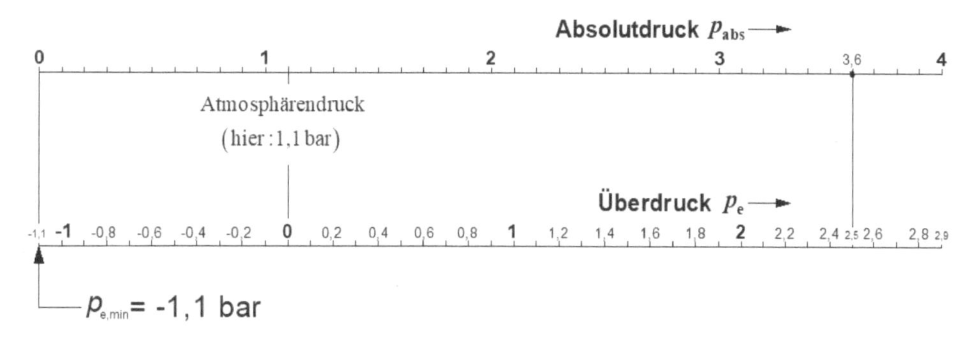

Bild 1.4 Absolutdruck- und Überdruckskala

Die Absolutdruckskala (obere Skala in Bild 1.4) beginnt mit $p_{abs} = 0$; das ist der Druck des leeren Raumes. Die Differenz zwischen einem Absolutdruck p_{abs} und dem aktuell vorliegenden (absoluten) Atmosphärendruck p_{amb} ist die atmosphärische Druckdifferenz

$$p_e = p_{abs} - p_{amb} \tag{1.8}$$

die in der Technik mit Überdruck bezeichnet wird.

Ist der Absolutdruck p_{abs} größer als der Atmosphärendruck p_{amb}, nimmt der Überdruck positive Werte an:

$$p_e = p_{abs} - p_{amb} > 0 \tag{1.9}$$

Liegt beispielsweise bei einem Atmosphärendruck von $p_{amb} = 1,1$ bar ein Absolutdruck von $p_{abs} = 3,6$ bar vor, so ist: $p_e = 3,6$ bar $- 1,1$ bar $= 2,5$ bar (Bild 1.4).

Bei einem Absolutdruck p_{abs}, der kleiner als der Atmosphärendruck p_{amb} ist, wird für den Überdruck ein negativer Wert erhalten:

$$p_e = p_{abs} - p_{amb} < 0 \tag{1.10}$$

Der Begriff Unterdruck, früher definiert durch die Druckdifferenz $p_{amb} - p_{abs}$ bei einem Absolutdruck, der kleiner als der Atmosphärendruck ist, wird nicht mehr verwendet. Der Unterdruckbereich wird nach Gl. 1.8 durch negative Werte des Überdruckes gekennzeichnet.

Der Minimalwert $p_{e,min}$ der negativen Überdruckskala (untere Skala in Bild 1.4) wird durch den aktuell vorliegenden Atmosphärendruck p_{amb} festgelegt. Liegt beispielsweise ein Atmosphärendruck von $p_{amb} = 1,1$ bar vor, gilt für den Minimalwert des negativen Überdruckes ($p_{abs} = 0$ bar, leerer Raum):

$$p_{e,min} = 0 \text{ bar} - 1,1 \text{ bar} = -1,1 \text{ bar} \tag{1.11}$$

Das Beispiel zeigt, dass die untere Grenze der negativen Überdruckskala durch den Atmosphärendruck p_{amb} bestimmt wird.

Oft werden die Indizes „abs" und „e" zur eindeutigen Kennzeichnung von Absolut- und Überdrücken weggelassen. Für den jeweils vorliegenden Fall ist aus dem Zusammenhang herauszufinden, ob es sich bei der Angabe von Drücken um Absolutdrücke oder Überdrücke handelt.

1.3 Kalorische Zustandsgleichungen, spezifische Wärmekapazitäten

Neben den thermischen Zustandsgrößen p, T und v, durch die der Zustand eines thermodynamischen Systems eindeutig beschrieben wird, gibt es als kalorische Zustandsgrößen die innere Energie u und die Enthalpie h, die zur Beschreibung des Energieinhaltes eines Gases in einem System dienen. Sie lassen sich für reale Gase als Funktion zweier thermischer Zustandsgrößen allgemein mit folgenden Zustandsgleichungen darstellen:

$$u = u\,(p,\ T) \tag{1.12}$$

oder $u = u\,(v,\ T), u = u\,(v,\ p)$

$$h = h\,(p,\ T) \tag{1.13}$$

oder $h = h\,(v,\ T), h = h\,(v,\ p)$

Allein von der Temperatur T sind die kalorischen Zustandsgrößen bei idealen Gasen abhängig. Es gelten hierfür die funktionalen Abhängigkeiten

$$u = u\,(T) \tag{1.14}$$

und

$$h = h\,(T) \tag{1.15}$$

Die Änderungen von innerer Energie und Enthalpie lassen sich bei einer Zustandsänderung von einem Zustand 1 (Temperatur T_1) in einen Zustand 2 (Temperatur T_2) für ideale Gase mithilfe der Gleichungen

$$u_2 - u_1 = \int_{T_1}^{T_2} c_\mathrm{v}\,(T)\,\mathrm{d}T \tag{1.16}$$

und

$$h_2 - h_1 = \int_{T_1}^{T_2} c_\mathrm{p}\,(T)\,\mathrm{d}T \tag{1.17}$$

berechnen. Die dafür benötigten Stoffwerte $c_\mathrm{v}(T)$ und $c_\mathrm{p}(T)$ heißen: Isochore spezifische Wärmekapazität (spezifische Wärmekapazität bei konstantem Volumen) und isobare spezifische Wärmekapazität (spezifische Wärmekapazität bei konstantem Druck). Die Schreibweisen $c_\mathrm{v}(T)$ und $c_\mathrm{p}(T)$ sollen verdeutlichen, dass für ideale Gase diese Stoffwerte nur von der Temperatur abhängen. Deren Temperaturabhängigkeit muss somit zur Lösung der Integrale bekannt sein.

Anstelle der absoluten Temperaturen (Einheit: K) lassen sich auch Celsius-Temperaturen (Einheit: °C) verwenden. Das führt zu

$$u_2 - u_1 = \int_{t_1}^{t_2} c_\mathrm{v}\,(t)\,\mathrm{d}t \tag{1.18}$$

und

$$h_2 - h_1 = \int_{t_1}^{t_2} c_\mathrm{p}\,(t)\,\mathrm{d}t \tag{1.19}$$

Zur leichteren Berechnung der Integrale werden mittlere spezifische Wärmekapazitäten, die für den Temperaturbereich t_1 bis t_2 gelten, eingeführt. Damit erhält man

$$u_2 - u_1 = \bar{c}_\mathrm{v}\big|_{t_1}^{t_2} (t_2 - t_1) \tag{1.20}$$

und

$$h_2 - h_1 = \bar{c}_\mathrm{p}\big|_{t_1}^{t_2} (t_2 - t_1) \tag{1.21}$$

Da die mittleren spezifischen Wärmekapazitäten meist vertafelt (z. B. für Luft: Tabelle 1.2) zwischen der Anfangstemperatur $t_0 = 0°\mathrm{C}$ und einer beliebigen Celsius-Temperatur vorliegen, ist es zweckmäßig, Gl. 1.20 und Gl. 1.21 in folgende Formen zu überführen:

$$u_2 - u_1 = \bar{c}_\mathrm{v}\big|_{0°\mathrm{C}}^{t_2} (t_2 - 0°\mathrm{C}) - \bar{c}_\mathrm{v}\big|_{0°\mathrm{C}}^{t_1} (t_1 - 0°\mathrm{C}) = \bar{c}_\mathrm{v}\big|_{0°\mathrm{C}}^{t_2} \cdot t_2 - \bar{c}_\mathrm{v}\big|_{0°\mathrm{C}}^{t_1} \cdot t_1 \tag{1.22}$$

und

$$h_2 - h_1 = \bar{c}_\mathrm{p}\big|_{0°\mathrm{C}}^{t_2} (t_2 - 0°\mathrm{C}) - \bar{c}_\mathrm{p}\big|_{0°\mathrm{C}}^{t_1} (t_1 - 0°\mathrm{C}) = \bar{c}_\mathrm{p}\big|_{0°\mathrm{C}}^{t_2} \cdot t_2 - \bar{c}_\mathrm{p}\big|_{0°\mathrm{C}}^{t_1} \cdot t_1 \tag{1.23}$$

Tabelle 1.2 Mittlere spezifische Wärmekapazitäten konstanten Drucks für Luft (ideales Gas) nach *Kümmel*

$\frac{t}{°\mathrm{C}}$	$\frac{\bar{c}_\mathrm{p}\big\|_{0°\mathrm{C}}^{t}}{\mathrm{J/(kg \cdot K)}}$
-60	1003,0
-40	1003,2
-20	1003,4
0	1003,7
20	1004,1
40	1004,6
60	1005,1
80	1005,7
100	1006,5
120	1007,3
140	1008,2
160	1009,3
180	1010,4

$\frac{t}{°\text{C}}$	$\frac{\bar{c}_p\vert_{0°\text{C}}^{t}}{\text{J/(kg} \cdot \text{K)}}$
200	1011,7
250	1015,2
300	1019,2
350	1023,7
400	1028,6
450	1033,7
500	1038,9
550	1044,3
600	1049,8
650	1055,2
700	1060,6
750	1066,0
800	1071,2
850	1076,3
900	1081,4
950	1086,2
1000	1091,0
1050	1095,6
1100	1100,1
1150	1104,5
1200	1108,7
1250	1112,8
1300	1116,7

Bild 1.5 zeigt die Abhängigkeit c_p von der Temperatur t unter dem Normdruck $p_N = 1,01325$ bar für Luft.

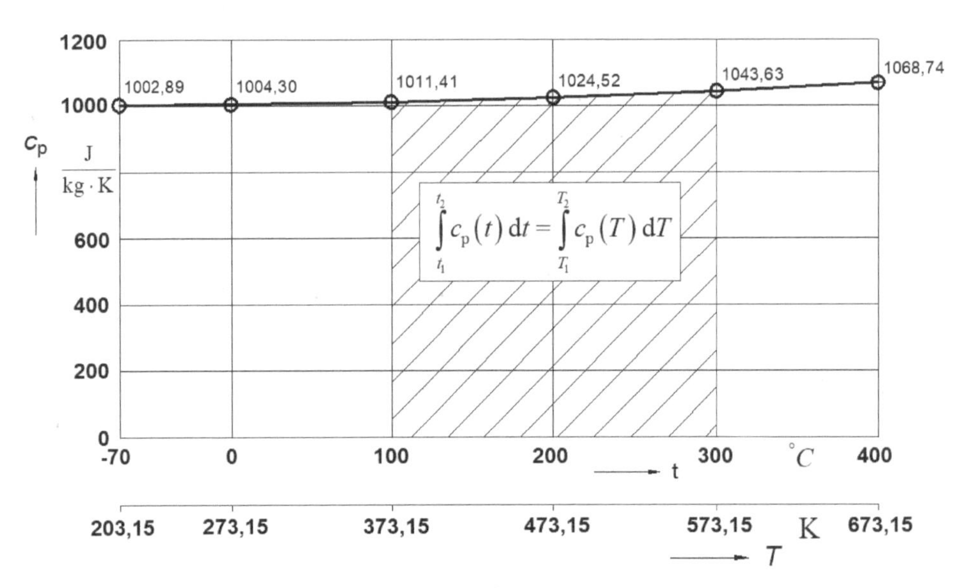

Bild 1.5 Spezifische Wärmekapazität von Luft

Es gilt die funktionale Abhängigkeit

$$c_p(t) = 0,0003 \cdot t^2 \frac{J}{kg \cdot K^3} + 0,0411 \cdot t \frac{J}{kg \cdot K^2} + 1004,3 \frac{J}{kg \cdot K}$$

für den Temperaturbereich –70 °C bis +400 °C.

Das mittels der spezifischen Wärmekapazitäten $c_p(T)$ und $c_v(T)$ gebildete Verhältnis wird abgekürzt mit

$$\kappa(T) = \frac{c_p(T)}{c_v(T)} \tag{1.24}$$

Bei Verwendung der mittleren spezifischen Wärmekapazitäten $\overline{c}_p\big|_{T_1}^{T_2}$ und $\overline{c}_v\big|_{T_1}^{T_2}$ ergibt sich der für den Temperaturbereich T_1 bis T_2 gültige mittlere Wert zu

$$\overline{\kappa} = \frac{\overline{c}_p\big|_{T_1}^{T_2}}{\overline{c}_v\big|_{T_1}^{T_2}} = \frac{\overline{c}_{p12}}{\overline{c}_{v12}} \tag{1.25}$$

1.4 Thermische Zustandsgrößen, Prozessgrößen

Von den vier Zustandsgrößen Masse, Druck, Temperatur und Volumen bezeichnet man die drei Letztgenannten als *thermische Zustandsgrößen*. Mit dem Volumen eines Systems wird die räumliche Ausdehnung angegeben, die die Masse enthält. Bezieht man das Volumen auf die Masse, ergibt sich das spezifische Volumen

$$v = \frac{V}{m} \tag{1.26}$$

das als Kehrwert die Dichte darstellt

$$\rho = \frac{m}{V} \tag{1.27}$$

Prozessgrößen sind weg**ab**hängige Größen, da vom Zustand 1 zum Zustand 2 unterschiedliche Wege beschritten werden können. So kann beispielsweise bei Wärmezufuhr zu Beginn der Zustandsänderung wenig Wärme zugeführt werden, die zum Ende hin gesteigert wird. Vom Zustand 1 zum Zustand 2 wird die Wärmeenergie

$$q_{12} = \int_1^2 \delta q \tag{1.28}$$

zugeführt. Es wäre vollkommen falsch, die dem System zugeführte Wärmeenergie durch $q_{12} = q_2 - q_1$ ausdrücken zu wollen.

Man kann z. B. ein isochores System durch Wärmezufuhr vom Zustand 1 in den Zustand 2 bringen. Genauso ist es möglich, diese Zustandsänderung durch ein sich im System drehendes Schaufelrad mittels Reibungsarbeit zu erreichen. Es sind also zwei vollkommen unterschiedliche Prozesse abgelaufen, die aber die gleichen Zustandsänderungen hervorgerufen haben. Die Angabe der Zustände 1 und 2 gehört mit zur Beschreibung des Prozesses, ist aber nur ein Teil davon.

Zustandsgrößen beschreiben den jeweiligen Zustand im Gleichgewichtzustand. So ist beispielweise $u_{12} = u_2 - u_1$ die Differenz der spezifische inneren Energien in den Zuständen 2 und 1.

2 Ideale Gase

2.1 Geltungsbereich

Ideale Gase existieren in der Realität nicht. Atome/Moleküle von idealen Gasen werden als Massepunkte betrachtet, denen zwar eine Masse, aber kein Volumen zugeordnet wird (Modell: Massepunkt). Es existieren zwischen den Teilchen keine anziehenden oder abstoßenden Kräfte. Die Teilchen interagieren untereinander oder mit den Gefäßwänden elastisch.

Sie bilden dennoch die Grundlage für Gesetze der Thermodynamik, wie beispielweise das allgemeine Gasgesetz. Man kann auch sagen, dass alle Gase, die sich näherungsweise durch das Gasgesetz beschreiben lassen, als ideale Gase angesehen werden können.

Das *allgemeine Gasgesetz* lautet

$$p \cdot V = m \cdot R \cdot T \tag{2.1}$$

bzw.

$$p \cdot v = R \cdot T \tag{2.2}$$

Bild 2.1 ist zu entnehmen, dass für Luft das Gasgesetz im Bereich kleiner Temperaturen und Drücke als ideal angesehen und Gl. 2.1 und Gl. 2.2 angewendet werden können.

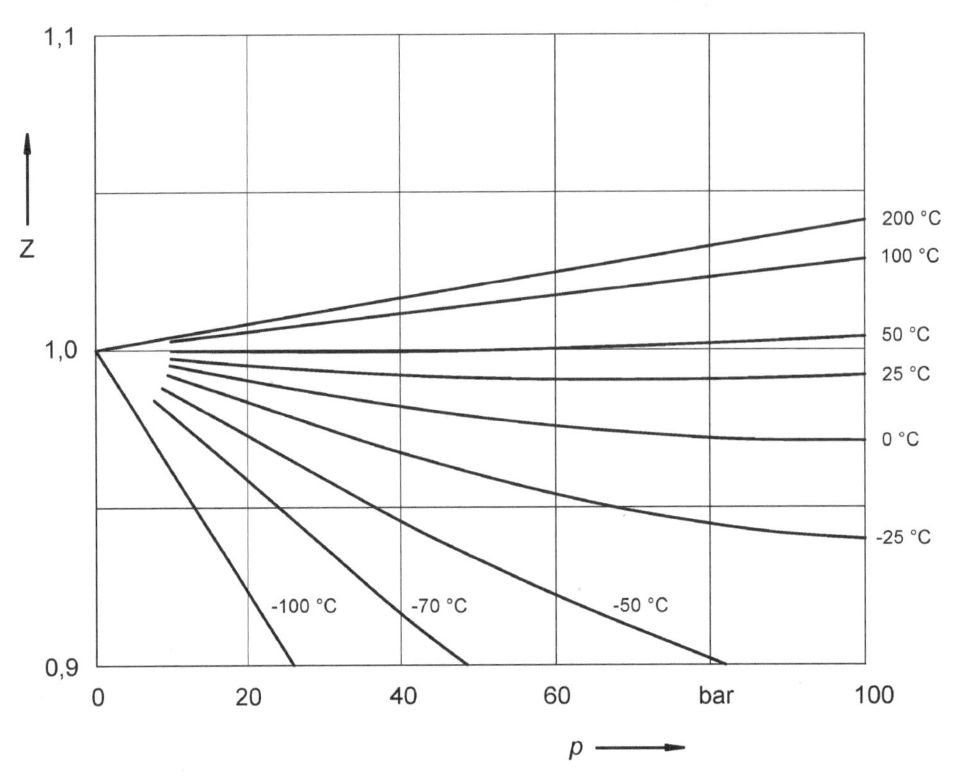

Bild 2.1 *p-t*-Abhängigkeit des Realgasfaktors *Z* für Luft nach *Hering, Martin, Stohrer*

Andere Formulierungen des allgemeinen Gasgesetzes lauten

$$p \cdot V = n \cdot R \cdot M \cdot T \tag{2.3}$$

oder

$$p \cdot V = n \cdot R_m \cdot T \tag{2.4}$$

mit $R_m = R \cdot M$

Einheiten:

$$[p \cdot V] = \frac{N}{m^2} m^3 = J = Nm$$

$$[n \cdot R_m \cdot T] = mol \frac{J}{mol \cdot K} K = J = Nm$$

Gl. 2.1 und Gl. 2.2 werden vorwiegend im Maschinenbau verwendet.

Für *reale Gase* ist bei größeren Temperaturen und Drücken in der Zustandsgleichung der im jeweiligen Bereich vorliegende Realgasfaktor $Z = Z\,(p, T)$ zu berücksichtigen:

$$p \cdot v = Z \cdot m \cdot R \cdot T \tag{2.5}$$

2.2 Einfache und abgeleitete Zustandsgrößen

Als *einfache Zustandsgrößen* werden die makroskopischen Größen eines Systems, wie z. B. Druck, Temperatur und Volumen bezeichnet. Es wird mit ihnen der Zustand eines Systems beschrieben. Bleiben die Zustandsgrößen zeitlich konstant, so wird vom thermodynamischen Gleichgewicht gesprochen, das thermisches und mechanisches Gleichgewicht umfasst.

Es gibt intensive und extensive Zustandsgrößen. Zu den intensiven gehören z. B. Druck und Temperatur: auch wenn das System gedanklich in einzelne Teilsysteme zerlegt wird, bleiben deren Werte unverändert. Extensive Zustandsgrößen sind z. B. Volumen, Masse, Entropie und Teilchenzahl. Deren Werte ändern sich, wenn eine Zerlegung in Teilsysteme erfolgt.

Abgeleitete Zustandsgrößen sind z. B. die inneren Energie u, U, die Enthalpie h, H, und die Entropie s, S, die noch später behandelt wird.

2.3 Spezielle Gaskonstante, universelle Gaskonstante

In Gl. 2.1 und Gl. 2.2 wird die *spezielle Gaskonstante* R des jeweils verwendeten Gases eingesetzt. Jedes Gas hat einen anderen R-Wert. Beispielweise hat Luft (Normatmosphäre) den Wert $R = 287{,}0529\ \mathrm{J/(kg \cdot K)}$.

In Gl. 2.4 wird die *universelle Gaskonstante* R_m verwendet. Deren Wert ist eine unveränderliche Naturkonstante:

$$R_\mathrm{m} = 8{,}314 \frac{\mathrm{J}}{\mathrm{mol \cdot K}} = 8314 \frac{\mathrm{J}}{\mathrm{kmol \cdot K}}$$

3 Reale Gase, Dämpfe, feuchte Luft

3.1 Reale Gase

Bei kleinen Drücken und kleinen Temperaturen gilt das allgemeine Gasgesetz. Bekannte Formen sind:

$$p = \frac{R \cdot T}{v} \tag{3.1}$$

$$p \cdot V = m \cdot R \cdot T \tag{3.2}$$

$$p \, \frac{V}{m} = R \cdot T \tag{3.3}$$

Mit $R_\mathrm{m} = R \cdot M, V_\mathrm{m} = \frac{V}{n}, M = \frac{m}{n}$ ergeben sich

$$p \cdot V = n \cdot R_\mathrm{m} \cdot T \tag{3.4}$$

und

$$p \cdot V_\mathrm{m} = R_\mathrm{m} \cdot T \tag{3.5}$$

Bei *realen Gasen* wird nach *Baehr, H. D.* verwendet

$$p \cdot V_\mathrm{m} = R_\mathrm{m} \cdot T \cdot Z \tag{3.6}$$

mit

$$Z = 1 + \frac{B\,(T)}{V_\mathrm{m}} + \frac{C\,(T)}{V_\mathrm{m}^2} + \frac{D\,(T)}{V_\mathrm{m}^3} \;\ldots \tag{3.7}$$

$$p \cdot V_\mathrm{m} = R_\mathrm{m} \cdot T \left(1 + \frac{B\,(T)}{V_\mathrm{m}} + \frac{C\,(T)}{V_\mathrm{m}^2} + \frac{D\,(T)}{V_\mathrm{m}^3} \;\ldots\right) \tag{3.8}$$

Der *Realgasfaktor* Z beinhaltet die Virialkoeffizienten $B(T)$, $C(T)$, $D(T)\ldots$ und das molare Volumen $V_m = V/n$.

Die Gl. 3.6 eignet sich nicht für Flüssigkeiten. Mit ihr ist deshalb eine umfassende Darstellung des gesamten fluiden Zustandsgebiets nicht möglich (*Baehr, H. D*).

Mit $T = 290\,\text{K}$, $p = 5$ bar findet sich

$$V_m = \frac{R_m \cdot T}{p} = \frac{8,314471 \frac{\text{J}}{\text{mol}\cdot\text{K}}\ 290\,\text{K}}{5 \cdot 10^5 \frac{\text{N}}{\text{m}^2}} = 0,00482 \frac{\text{m}^3}{\text{mol}} = 4,82 \frac{\text{m}^3}{\text{kmol}}$$

Zum Vergleich: $T_N = 273,15\,\text{K}$ (Normtemperatur), $p_N = 1,01325$ bar (Normdruck) ergibt

$$V_{m,N} = \frac{R_m \cdot T_N}{p_N} = \frac{8,314471 \frac{\text{J}}{\text{mol}\cdot\text{K}}\ 273,15\,\text{K}}{1,01325 \cdot 10^5 \frac{\text{N}}{\text{m}^2}} = 0,02241 \frac{\text{m}^3}{\text{mol}} = 22,41 \frac{\text{m}^3}{\text{kmol}}$$

Das ist das bei Normbedingungen (Index „N“) vorliegende, allseits bekannte, Molvolumen, auch molares Normvolumen genannt.

Die Virialkoeffizienten von zahlreichen Gasen sind in der Literatur zu finden (*Baehr, H. D*). Im Maschinenbau greift man gerne auf den Realgasfaktor Z zurück, der sich anhand von Diagrammen in Abhängigkeit der Temperatur und des Drucks darstellt; als Beispiel dient Bild 2.1.

3.2 Dämpfe

Bei *Dämpfen* sind zu unterscheiden: Nassdampf, trocken gesättigter Dampf (Sattdampf) und überhitzter Dampf. Am besten können diese Dampfarten mit Bild 3.1 erläutert werden. Es zeigt ein mit Wasser gefülltes Gefäß, das oben durch einen beweglichen Kolben, auf dem ein Gewicht lastet, geschlossen ist. Auch unter Wärmezufuhr bleib der Druck konstant (isobare Zustandsänderung).

In Bild 3.1 I ist Wasser eingefüllt, dessen Temperatur T kleiner als die Siedetemperatur T_S ist.

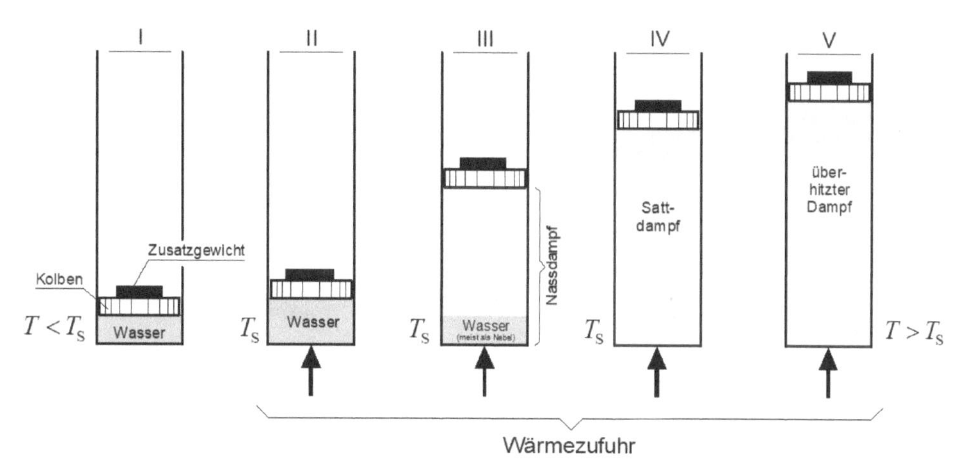

Bild 3.1 Nassdampf, trocken gesättigter Dampf (Sattdampf), überhitzter Dampf

Wird Wärme zugeführt (Bild 3.1 II), steigt die Temperatur des Wassers auf T_S an und das Volumen des Wassers vergrößert sich. T_S wird auch Sättigungstemperatur genannt, die abhängig vom Druck p_S ist, der hier durch das Gewicht des Kolbens mit dem Zusatzgewicht bestimmt wird. Bei $p_S = 1,01325$ bar beträgt $T_S = 373,15\,\text{K}$ ($t_S = 100°\text{C}$). Bei der Temperatur T_S bilden sich am Boden erste Dampfblasen.

Bei weiterer Wärmezufuhr entsteht Nassdampf, der aus Wasser als Dampf (Gas) und Wasser als Flüssigkeit besteht (Bild 3.1 III). Das Wasser sammelt sich am Gefäßboden, der Dampf oberhalb davon. Meist ist das Wasser als Tröpfchen im Dampf verteilt, zu erkennen in Form von Nebel.

Wird die Wärmezufuhr bis zu vollständigen Verdampfung des Wassers weiter gesteigert (Bild 3.1 IV), entsteht trocken gesättigter Dampf, der auch Sattdampf genannt wird. Während der Entstehung des ersten Dampfes bis zur vollständigen Verdampfung des Wassers gilt für die Sättigungstemperatur: $T_S = \text{konst.}$.

Bei noch weiterer Steigerung der Wärmezufuhr entsteht überhitzter Dampf (Bild 3.1 V), der als reales Gas zu behandeln ist ($T > T_S$).

Mit $p_S = p_S\,(T_S)$ wird die spezifische Dampfdruckkurve dargestellt. Hilfreich sind auch Dampftafeln/Diagramme, die für unterschiedliche Stoffe die relevanten Daten auflisten/darstellen.

Im Bereich des Nassdampfes wird der Dampfgehalt mittels

$$x = \frac{m^{//}}{m^{/} + m^{//}} = \frac{m^{//}}{m} = \frac{m - m^{/}}{m} = 1 - \frac{m^{/}}{m} \tag{3.9}$$

mit $m^{/}$ = Masse des flüssigen Wassers, $m^{//}$ = Masse des Dampfes (gasförmig) berechnet.

Der Anteil der Flüssigkeit des Nassdampfes an der Masse m ist

$$\frac{m'}{m} = 1 - x \tag{3.10}$$

Wegen $V = V' + V''$ und $V = v \cdot m, V' = v' \cdot m', V'' = v'' \cdot m''$ ergibt sich

$$v = v'(1 - x) + v'' \cdot x = v' - v' \cdot x + v'' \cdot x = v' + x\left(v'' - v'\right) \tag{3.11}$$

Daraus ist auch der Dampfgehalt über die spezifischen Volumina berechenbar

$$x = \frac{v - v'}{v'' - v'} \tag{3.12}$$

3.3 Feuchte Luft

Die Atmosphäre der Erde besteht aus feuchter Luft. *Feuchte Luft* ist ein Gemisch aus trockener Luft und Wasser, das gasförmig als Wasserdampf in nur begrenztem Maße bis hin zu einem Maximalwert (abhängig von Druck und Temperatur) aufgenommen werden kann.

Von ungesättigter feuchter Luft ist die Rede, wenn der Wasseranteil in Form von Wasserdampf kleiner ist, als der maximal aufnehmbare Anteil. In diesem Zustand wird der Wasserdampf der feuchten Luft auch als überhitzter Wasserdampf bezeichnet. Wird der Maximalwert gerade erreicht, liegt gesättigte feuchte Luft vor. Gesättigte feuchte Luft mit flüssigem Kondensat liegt vor, wenn der Anteil an Wasser über den bei Sättigung vorliegenden Wert hinausgeht. Der Anteil an Wasser, der diesen Wert übersteigt, liegt in Form fein verteilter Wassertröpfchen (Nebel) vor. Gesättigte feuchte Luft mit flüssigem Kondensat besteht somit aus einem Anteil an trockener Luft, einem Anteil an gasförmigem Wasser (Wasserdampf) und einem Anteil an flüssigem Wasser.

Für den *Gesamtdruck* ungesättigter feuchter Luft gilt das Gesetz von *Dalton*. Danach ist der Gesamtdruck gleich der Summe der Partialdrücke

$$p = p_{\mathrm{L}} + p_{\mathrm{W}} \tag{3.13}$$

In den bei den meisten technischen Prozessen vorliegenden Temperatur- und Druckbereichen ist der Partialdruck des Wasserdampfes p_{W} sehr klein, was dazu berechtigt, dass trockene Luft und Wasserdampf als ideale Gase behandelt werden dürfen.

Nachfolgend sollen die Begriffe absolute Feuchte, relative Feuchte und Wassergehalt erläutert werden, die insbesondere bei ungesättigter feuchter Luft eine Rolle spielen.

Ein durch ungesättigte feuchte Luft ausgefülltes Volumen V beinhaltet die Wasserdampfmasse m_W. Der aus Wasserdampfmasse m_W und Volumen V gebildete Quotient wird als absolute Feuchte bezeichnet

$$\rho_W = \frac{m_W}{V} \tag{3.14}$$

Für den *Partialdruck* des Wasserdampfes gilt bei Anwendung der thermischen Zustandsgleichung

$$p_W = \frac{m_W \cdot R_W \cdot T}{V} \tag{3.15}$$

Für die *absolute Feuchte* erhält man

$$\rho_W = \frac{p_W}{R_W \cdot T} \tag{3.16}$$

Nach Gl. 3.15 wächst der Partialdruck des Wasserdampfes p_W linear mit der bei $V = \text{konst.}$ und $T = \text{konst.}$ zugeführten Wasserdampfmasse m_W.

Bei gesättigter feuchter Luft liegt mit m_{WS} die maximal aufnehmbare Wasserdampfmasse vor; der dazugehörende Druck wird mit p_{WS} = Sättigungspartialdruck des Wasserdampfes bezeichnet. Für diesen Fall gilt

$$p_{WS} = \frac{m_{WS} \cdot R_W \cdot T}{V} \tag{3.17}$$

und für den Maximalwert der absoluten Feuchte (Zustand der Sättigung) gilt

$$\rho_{WS} = \frac{p_{WS}}{R_W \cdot T} \tag{3.18}$$

Nimmt der Gesamtdruck feuchter Luft nicht allzu große Werte an ($p < 10$ bar), kann mit genügender Genauigkeit $p_{WS} = p_S$ gesetzt werden, wobei p_S der Dampfdruck von Wasser ist. Der Dampfdruck von Wasser ist der Druck, bei dem Wasser einer bestimmten Temperatur vom flüssigen in den gasförmigen (oder umgekehrt) Zustand übergeht.

In Bild 3.2 ist die p_S-t-Funktion für Wasser bis 260 °C dargestellt.

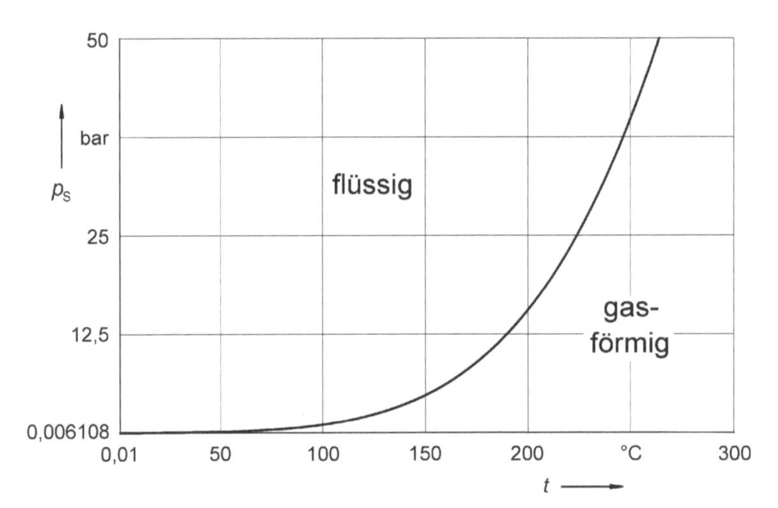

Bild 3.2 p_S-t-Funktion für Wasser

Eine weitere Möglichkeit zur Ermittlung des Sättigungspartialdruckes p_{WS} besteht darin, auf die bei *Baehr, H. D.* zu findende *Antoine*-Gleichung

$$\ln \frac{p_{WS}}{p_{tr}} = 17{,}2799 - \frac{4102{,}99}{t + 237{,}431} \tag{3.19}$$

zurückzugreifen, die im Temperaturbereich $0{,}01°C \leq t \leq 60°C$ genügend genaue Ergebnisse liefert (p_{tr} = 0,611657 kPa = Tripelpunktsdruck). Die Temperatur t ist in der Einheit °C einzusetzen.

Ein durch ungesättigte feuchte Luft ausgefülltes Volumen V beinhaltet die Wasserdampfmasse m_W. Als relative Feuchte wird das Verhältnis der Wasserdampfmasse m_W zur Masse an Wasserdampf m_{WS}, die maximal bei Sättigung aufgenommen werden kann, bezeichnet

$$\varphi = \frac{m_W}{m_{WS}} \tag{3.20}$$

Mithilfe der thermischen Zustandsgleichung idealer Gase folgt

$$\varphi = \frac{\frac{p_W \cdot V}{R_W \cdot T}}{\frac{p_{WS} \cdot V}{R_W \cdot T}} = \frac{p_W}{p_{WS}} \tag{3.21}$$

Für ungesättigte feuchte Luft ist $\varphi < 1\,(p_W < p_{WS})$,

für gesättigte feuchte Luft ist $\varphi = 1$ und $p_W = p_{WS}$.

Als Wassergehalt oder Wasserbeladung wird das Verhältnis der in der feuchten Luft enthaltenen Masse an Wasser m_W zur Masse an trockener Luft m_L bezeichnet

$$X = \frac{m_W}{m_L} \tag{3.22}$$

Der Wassergehalt nimmt mit $m_W = 0$ den Wert $X = 0$ an, wenn die trockene Luft kein Wasser enthält. Liegt nur reines Wasser vor, geht mit $m_L = 0$ der Wert für X gegen Unendlich.

Für ungesättigte feuchte Luft ergibt sich der Wassergehalt mit $m_W = \frac{p_W \cdot V}{R_W \cdot T}$ und $m_L = \frac{p_L \cdot V}{R_L \cdot T}$ zu

$$X = \frac{\frac{p_W \cdot V}{R_W \cdot T}}{\frac{p_L \cdot V}{R_L \cdot T}} = \frac{R_L}{R_W} \frac{p_W}{p_L} \tag{3.23}$$

Werden darin die Gaskonstanten der trockenen Luft R_L und des Wasserdampfes R_W durch $R_L = R_m / M_L$ und $R_W = R_m / M_W$ ersetzt, ergibt das

$$X = \frac{M_W}{M_L} \frac{p_W}{p_L} \tag{3.24}$$

Mit den *Molmassen* für trockene Luft $M_L = 28,96442$ kg/kmol und für Wasserdampf $M_W = 18,016$ kg/kmol und mit $p_L = p - p_W$ wird der Wassergehalt

$$X = 0,622 \frac{p_W}{p - p_W} \tag{3.25}$$

bzw.

$$p_W = \frac{p \cdot X}{0,622 + X} \tag{3.26}$$

Mit $p_W = \varphi \cdot p_{WS}$ lassen sich Gl. 3.25 und Gl. 3.26 überführen in

$$X = 0,622 \frac{p_{WS}}{\frac{p}{\varphi} - p_{WS}} \tag{3.27}$$

bzw.

$$\varphi = \frac{X}{(0,622 + X)} \frac{p}{p_{WS}} \tag{3.28}$$

Für den Wasser**dampf**gehalt bei Sättigung ($\varphi = 1$) ergibt sich nach Gl. 3.27

$$X_S = 0,622 \frac{p_{WS}}{p - p_{WS}} \left(= \frac{m_{WS}}{m_L} \right) \tag{3.29}$$

Die Gaskonstante der feuchten Luft und die Masse des Wasserdampfes berechnen sich mithilfe der Gleichungen

$$R_{fL} = \frac{R_L}{1 - 0,378 \cdot \varphi \frac{p_{WS}}{p}} \tag{3.30}$$

$$m_W = m_{fL} \frac{X}{1 + X} \tag{3.31}$$

Zu Berechnung des Volumens V, des spezifischen Volumens v_{1+x} und der Dichte ρ **ungesättigter** feuchter Luft stehen folgende Gleichungen zur Verfügung:

$$V = m_{\mathrm{L}} \frac{T \cdot R_{\mathrm{L}}}{p} \left[1 + \frac{X}{R_{\mathrm{L}}/R_{\mathrm{W}}}\right] \tag{3.32}$$

$$v_{1+\mathrm{x}} = \frac{V}{m_{\mathrm{L}}} = \frac{T \cdot R_{\mathrm{L}}}{p} \left[1 + \frac{X}{R_{\mathrm{L}}/R_{\mathrm{W}}}\right] \tag{3.33}$$

$$\rho = \frac{p}{R_{\mathrm{L}} \cdot T} \left[1 - \frac{p_{\mathrm{W}}}{p} \left(1 - \frac{R_{\mathrm{L}}}{R_{\mathrm{W}}}\right)\right] \tag{3.34}$$

Das spezifische Volumen v_{1+x} unterscheidet sich von der normalerweise verwendeten Definition $v = V/(m_{\mathrm{L}} + m_{\mathrm{W}})$.

4 Zustandsänderungen

4.1 Nichtstatische Zustandsänderungen

Ausgehend von Gleichgewichtszuständen (Zustand 1 und Zustand 2) werden sich in den Übergangszuständen (Zwischenzuständen) keine einheitlichen Größen einstellen: alle Zwischenzustände weisen an unterschiedlichen Orten andere Temperaturen, Drücke, Dichten, etc. auf. In diesem Fall wird von *nichtstatischen Zustandsänderungen* gesprochen. Erst wenn der Prozess zu Ende (zur Ruhe gekommen) ist, wird sich wieder ein einheitlicher Zustand mit an allen Orten konstanten physikalischen Größen einstellen.

Als Beispiel für eine *nichtstatische Zustandsänderung* soll hier der Überströmprozess genannt werden (Bild 4.1).

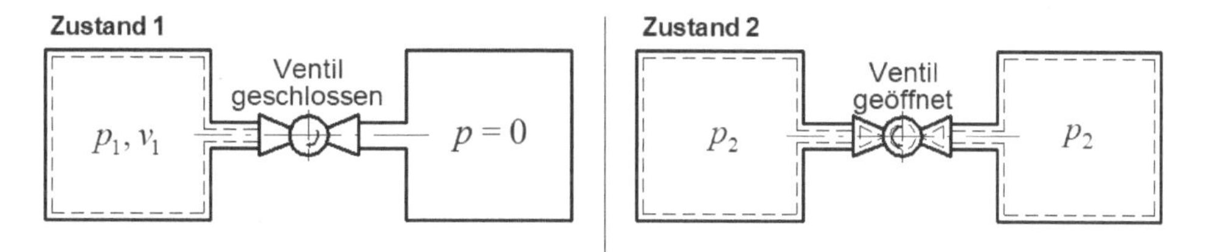

Bild 4.1 Überströmprozess – Zustände 1 und 2

Im Zustand 1 besteht das System aus der linken Kammer, die ein Gas mit dem Druck p_1 enthält; es herrscht Gleichgewicht. Die rechte Kammer ist evakuiert, das Ventil ist geschlossen. Wird nun das Ventil geöffnet, strömt Gas in die rechte Kammer: das System besteht jetzt aus beiden Kammern. Es entstehen Druck, Dichte und Temperaturunterschiede, die sich erst dann wieder einheitlich im ganzen System einstellen, wenn in beiden Kammern (Zustand 2) Gleichgewicht herrscht. Die Zustandsänderungen der physikalischen Größen des Gases durchlaufen, ausgehend vom Zustand 1 zum Zustand 2 *nichtstatische Zustandsänderungen*, die bei realen Prozessen bei allen Zustandsänderungen auftreten.

4.2 Quasistatische Zustandsänderungen

Das in Bild 4.2 gestrichelt dargestellte thermodynamische System soll sich in jedem Zustand – also auch in allen Zwischenzuständen – wie eine Phase verhalten.

Von einer Phase wird gesprochen, wenn das System homogen ist, d. h. die physikalischen Eigenschaften (z. B. Druck, Temperatur, ...), aber auch die chemischen Eigenschaften im System überall gleich sind und dies auch in allen Zwischenzuständen der Fall ist.

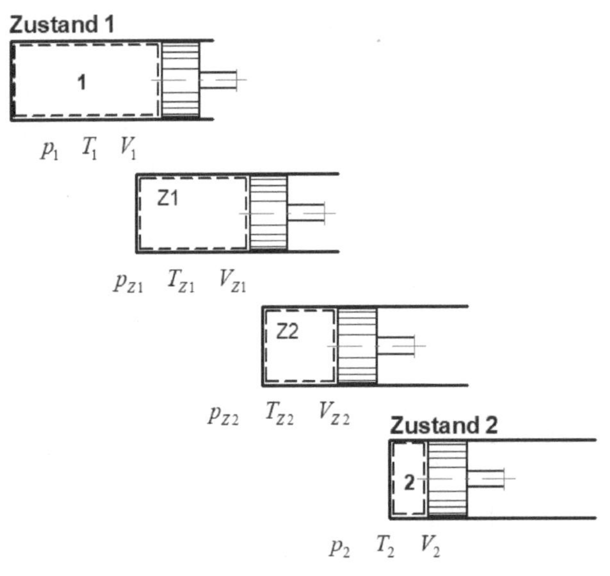

Bild 4.2 Bewegung des Kolbens vom Zustand 1 zum Zustand 2 mit Zwischenzuständen *Z*1 und *Z*2

Die physikalischen Größen im System sind bei einer Phase homogen, ändern sich aber in den Zwischenzuständen.

Bleiben alle physikalischen Größen im System während der Zustandsänderung vom Zustand 1 zum Zustand 2 homogen, sind also die Voraussetzungen der Phase erfüllt, dann durchläuft das System eine Folge von Gleichgewichtszuständen und es wird dann von einer *quasistatischen Zustandsänderung* gesprochen.

Eine Zustandsänderung, die aus einer Folge von Gleichgewichtszuständen besteht, wird *quasistatisch* genannt. Diese kann sowohl reversibel als auch irreversibel verlaufen.

Eine Folge von Gleichgewichtszuständen kann nur durchlaufen werden, wenn die Zustandsänderungen unendlich langsam erfolgen. *Quasistatische Zustandsänderungen* sind deshalb rein theoretischer Natur. Da sich die in der Realität vollziehenden Zustandsänderungen näherungsweise quasistatisch verhalten, können die hierfür aufgestellten Gleichungen verwendet werden.

4.3 Irreversible, reversible Zustandsänderungen

Alle Prozesse verlaufen stets irreversibel. Nur bei theoretisch angenommenen Grenzfällen können diese als reversibel betrachtet werden.

Die in Bild 4.3 dargestellte Vorrichtung soll dazu dienen, die Bedingungen zu klären, wann ein Prozess irreversibel oder reversibel verläuft.

In einem Zylinder wird ein unter dem Druck p stehendes Gas durch einen Kolben abgeschlossen. Kolbenseitig ist eine Zahnstange angebracht, die mit einem Ritzel kämmt, das an einer Kurvenscheibe befestigt ist. Das an der Kurvenscheibe angebrachte Seil trägt an seinem Ende ein Gewicht, das im Gravitationsfeld gehoben (Expansion) bzw. abgesenkt (Kompression) wird. Bei der Gestaltung der Kurvenscheibe gilt für alle Stellungen $F \cdot r = G \cdot l$ (mechanisches Gleichgewicht). Dabei ist F die am Zahnrad wirkende Gaskraft und G das am Seil hängende Gewicht. Die Hebellängen r und l sind Bild 4.3 zu entnehmen.

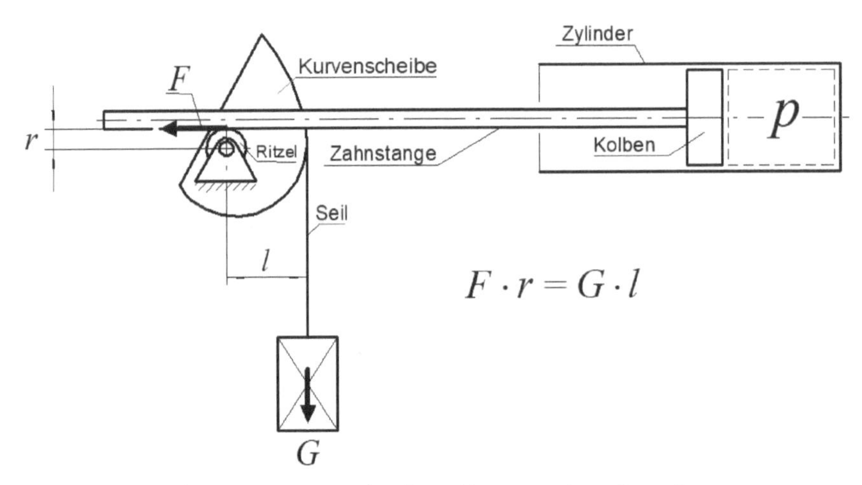

Bild 4.3 Vorrichtung zur Expansion bzw. Kompression eines Gases

So wird bei der Expansion die Arbeit, die das Gas verrichtet, teilweise als potenzielle Energie beim Anheben des Körpers gespeichert, bei der Kompression gibt der Körper potenzielle Energie zur Verdichtung des Gases ab.

Da der Prozess irreversibel verläuft, kann die vom Gas abgegebene Arbeit nicht vollständig in potenzielle Energie des Gewichts umgewandelt werden, da bei realen Prozessen stets Irreversibilitäten auftreten, die unter dem Begriff Dissipation zusammengefasst werden. Dissipative Effekte sind hier alle Reibungsvorgänge in der Mechanik des Systems, aber auch diejenigen im Gas.

Nur im Fall der theoretischen Betrachtung – es sind keinerlei dissipativen Effekte vorhanden – verläuft der Prozess reversibel. Nach der Expansion des Gases erreicht es beim Weg in die andere Richtung (Kompression) wieder den Ausgangszustand, d. h. es hat hinsichtlich seiner Zustandsgrößen p, T, v exakt wieder die gleichen Werte angenommen. Das geschieht bei einer Abfolge von quasistatischen Zustandsänderungen, also wenn das Gas eine Abfolge von Gleichgewichtzuständen durchläuft.

Reversible Prozesse sind deshalb stets mit quasistatischen Zustandsänderungen verbunden.

Fazit: Eine *reversible Zustandsänderung* verlangt Reibungsfreiheit, also den Ausschluss aller dissipativen Vorgänge und das Durchlaufen von Gleichgewichtszuständen. Die Zustandsänderung ist dann *quasistatisch-reversibel*. Eine *quasistatisch-irreversibel* ablaufende Zustandsänderung durchläuft näherungsweise Gleichgewichtszustände und es tritt Reibung auf. Im Gleichgewichtszustand sind im jeweiligen Zustand (auch in den Zwischenzuständen) die physikalischen Größen wie z. B. Druck und Temperatur an allen Stellen des thermodynamischen Systems gleich.

Ergänzende Zitate nach *Baehr, H. D.:*

„Um die komplizierte Beschreibung eines Fluids und seines Verhaltens bei einem innerlich irreversiblen Prozess durch Feldgrößen zu umgehen, nimmt man als Näherung an, das Fluid verhielte sich auch bei einem innerlich irreversiblen Prozess wie eine Phase und durchliefe eine quasistatische Zustandsänderung. Bei dieser Modellbildung werden die im System örtlich veränderlichen Zustandsgrößen durch Mittelwerte ersetzt, was nur zulässig ist, wenn die lokalen Inhomogenitäten nicht zu groß sind. Diese Vereinfachung bringt Vorteile für die Untersuchung von irreversiblen Prozessen: Es sind nicht nur Aussagen über den Anfangs- und Endzustand möglich; auch für die Berechnung der Zwischenzustände können die relativ einfachen Beziehungen herangezogen werden, die für Phasen gelten.“

„Damit lässt sich die Zustandsänderung auch bei innerlich irreversiblen Prozessen durch wenige Zustandsgrößen beschreiben und in den thermodynamischen Diagrammen als stetige Kurve darstellen. Wie wir noch sehen werden, sind dadurch recht weitgehende Aussagen auch über irreversible Prozesse möglich.“

4.4 Isotherme, isobare, isochore, adiabate, isentrope, polytrope Zustandsänderungen

Es werden unterschieden: isotherme, isobare, isochore, adiabate, isentrope und polytrope *Zustandsänderungen*. Allen ist gemeinsam, dass sich ihre Zustandskurve allgemein durch die Gleichung $p \cdot v^{\overline{x}} = \text{konst.}$ beschreiben lässt. Der Exponent $\overline{x}$ ist für die jeweilige *Zustandsänderung* verschieden. So ist beispielweise für die Isentrope der Exponent $\overline{x} = \overline{\kappa}$.

In Tabelle 4.1 und Tabelle 4.2 sind die *Zustandsänderungen* und deren wichtigste Gleichungen aufgeführt. Sie sind ableitbar aus der Gasgleichung für ideale Gase und dem ersten Hauptsatz für geschlossene Systeme mit der Volumenänderungsarbeit

$$w_{V12} = -\int_1^2 p\mathrm{d}v$$

Das Minus-Zeichen ist dabei der Konvention geschuldet, die besagt, dass zugeführte Energie/Arbeit mit positivem „+“ und abgeführte mit negativem Vorzeichen „–“ versehen wird. So ist die in Tabelle 4.1 bei der Expansion abgeführte Arbeit $w_{V12} < 0$, obwohl die Fläche unter der Zustandskurve (das Integral von $1 \longrightarrow 2$) einen positiven Wert hat. Bei der Kompression handelt es sich mit $w_{V12} > 0$ um zugeführte Arbeit, obwohl die Fläche unter der Zustandskurve (das Integral von $1 \longrightarrow 2$) einen negativen Wert hat.

Tabelle 4.1 Isotherme, isobare und isochore Zustandsänderung – ideale Gase

	Isotherme $dT = 0$	**Isobare** $dp = 0$	**Isochore** $dv = 0$
Gleichung der Zustandslinie	$p \cdot v = \text{konst.}$	$p \cdot v^0 = \text{konst.}$	$p \cdot v^\infty = \text{konst.}$
Gleichung der Zustände 1 und 2	$p_1 \cdot v_1 = p_2 \cdot v_2$	$\frac{v_1}{T_1} = \frac{v_2}{T_2}$	$\frac{p_1}{T_1} = \frac{p_2}{T_2}$
Spezifische Volumenänderungsarbeit	$w_{V12} = -R \cdot T \cdot \ln \frac{p_1}{p_2}$ $w_{V12} = -R \cdot T \cdot \ln \frac{v_2}{v_1}$ $w_{V12} = -p_2 \cdot v_2 \cdot \ln \frac{p_1}{p_2}$ $w_{V12} = -p_1 \cdot v_1 \cdot \ln \frac{p_1}{p_2}$	$w_{V12} = R\,(T_1 - T_2)$ $w_{V12} = p_1\,(v_1 - v_2)$ $w_{V12} = p_2\,(v_1 - v_2)$	$w_{V12} = -\int_1^2 p\mathrm{d}v = 0$
Spezifische Wärmeenergie	$q_{12} = w_{V12} - j_{12}$	$q_{12} = u_2 - u_1 - w_{V12} - j_{12}$	$q_{12} = u_2 - u_1 - j_{12}$
Änderung der spezifischen inneren Energie	$u_2 - u_1 = 0$	$u_2 - u_1 = \overline{c}_{V12}\,(T_2 - T_1)$ $u_2 - u_1 = \overline{c}_{V12}\,(t_2 - t_1)$ $u_2 - u_1 = \overline{c}_{V12} \cdot T_1 \left(\frac{v_2}{v_1} - 1\right)$	$u_2 - u_1 = \overline{c}_{V12}\,(T_2 - T_1)$ $u_2 - u_1 = \overline{c}_{V12}\,(t_2 - t_1)$ $u_2 - u_1 = \overline{c}_{V12} \cdot T_1 \left(\frac{p_2}{p_1} - 1\right)$
Spezifische technische Arbeit	$y_{12} = w_{V12}$	$y_{12} = 0$	$y_{12} = v\,(p_2 - p_1)$

Die mit einem Querstrich versehenen Größen sind als repräsentativ für den jeweiligen Temperatur-/Druckbereich anzusehen: es handelt sich um mittlere Werte.

Tabelle 4.2 Adiabate, isentrope und isochore Zustandsänderung – ideale Gase

	Adiabate $\partial q = 0$	**Isentrope** $ds = 0$	**Polytrope** $\partial q \neq 0$ $\partial j \neq 0$ $ds \neq 0$
Gleichung der Zustandslinie	$p \cdot v^{\overline{\gamma}} = \text{konst.}$	$p \cdot v^{\overline{\kappa}} = \text{konst.}$	$p \cdot v^{\overline{n}} = \text{konst.}$
Gleichung der Zustände 1 und 2	$p_1 \cdot v_1^{\overline{\gamma}} = p_2 \cdot v_2^{\overline{\gamma}}$	$p_1 \cdot v_1^{\overline{\kappa}} = p_2 \cdot v_2^{\overline{\kappa}}$	$p_1 \cdot v_1^{\overline{n}} = p_2 \cdot v_2^{\overline{n}}$
Spezifische Volumenänderungsarbeit	$w_{V12} = \frac{R}{\overline{\gamma}-1}(T_2 - T_1)$ $w_{V12} = \frac{R}{\overline{\gamma}-1}(t_2 - t_1)$ $w_{V12} = \frac{1}{\overline{\gamma}-1}(p_2 \cdot v_2 - p_1 \cdot v_1)$ $w_{V12} = \frac{p_1 \cdot v_1}{\overline{\gamma}-1}\left[\left(\frac{v_1}{v_2}\right)^{\overline{\gamma}-1} - 1\right]$ $w_{V12} = \frac{R \cdot T_1}{\overline{\gamma}-1}\left[\frac{T_2}{T_1} - 1\right]$ $w_{V12} = \frac{R \cdot T_1}{\overline{\gamma}-1}\left[\left(\frac{p_2}{p_1}\right)^{\frac{\overline{\gamma}-1}{\overline{\gamma}}} - 1\right]$	$w_{V12} = \frac{R}{\overline{\kappa}-1}(T_2 - T_1)$ $w_{V12} = \frac{R}{\overline{\kappa}-1}(t_2 - t_1)$ $w_{V12} = \frac{1}{\overline{\kappa}-1}(p_2 \cdot v_2 - p_1 \cdot v_1)$ $w_{V12} = \frac{p_1 \cdot v_1}{\overline{\kappa}-1}\left[\left(\frac{v_1}{v_2}\right)^{\overline{\kappa}-1} - 1\right]$ $w_{V12} = \frac{R \cdot T_1}{\overline{\kappa}-1}\left[\frac{T_2}{T_1} - 1\right]$ $w_{V12} = \frac{R \cdot T_1}{\overline{\kappa}-1}\left[\left(\frac{p_2}{p_1}\right)^{\frac{\overline{\kappa}-1}{\overline{\kappa}}} - 1\right]$	$w_{V12} = \frac{R}{\overline{n}-1}(T_2 - T_1)$ $w_{V12} = \frac{R}{\overline{n}-1}(t_2 - t_1)$ $w_{V12} = \frac{1}{\overline{n}-1}(p_2 \cdot v_2 - p_1 \cdot v_1)$ $w_{V12} = \frac{p_1 \cdot v_1}{\overline{\kappa}-1}\left[\left(\frac{v_1}{v_2}\right)^{\overline{n}-1} - 1\right]$ $w_{V12} = \frac{R \cdot T_1}{\overline{n}-1}\left[\frac{T_2}{T_1} - 1\right]$ $w_{V12} = \frac{R \cdot T_1}{\overline{n}-1}\left[\left(\frac{p_2}{p_1}\right)^{\frac{\overline{n}-1}{\overline{n}}} - 1\right]$
Spezifische Wärmeenergie	$q_{12} = 0$	$q_{12} = 0$ oder $q_{12} = -j_{12}$	$q_{12} = u_2 - u_1 - w_{V12} - j_{12}$
Änderung der spezifischen inneren Energie	$u_2 - u_1 = w_{V12} + j_{12}$	$u_2 - u_1 = \overline{c}_{V12}(T_2 - T_1)$ $u_2 - u_1 = \overline{c}_{V12}(t_2 - t_1)$	$u_2 - u_1 = \overline{c}_{V12}(T_2 - T_1)$ $u_2 - u_1 = \overline{c}_{V12}(t_2 - t_1)$
Spezifische technische Arbeit	$y_{12} = \overline{\gamma} \cdot w_{V12}$	$y_{12} = \overline{\kappa} \cdot w_{V12}$	$y_{12} = \overline{n} \cdot w_{V12}$

5 Thermodynamische Systeme

Grundsätzlich ist für alle Systeme zu sagen, dass diese mit einer Systemgrenze zu versehen sind. Diese wird meist mit gestrichelten Linien dargestellt. Thermodynamische Untersuchungen beschränken sich dann auf derart abgegrenzte Bereiche. Die Systemgrenzen werden auch Bilanzhüllen genannt. Der durch die Systemgrenze begrenzte Raum heißt Bilanzraum.

5.1 Offene Systeme

Bei offenen Systemen ist Masseaustauch, Wärmeaustauch und Arbeitsaustauch über die Systemgrenze möglich (Bild 5.1).

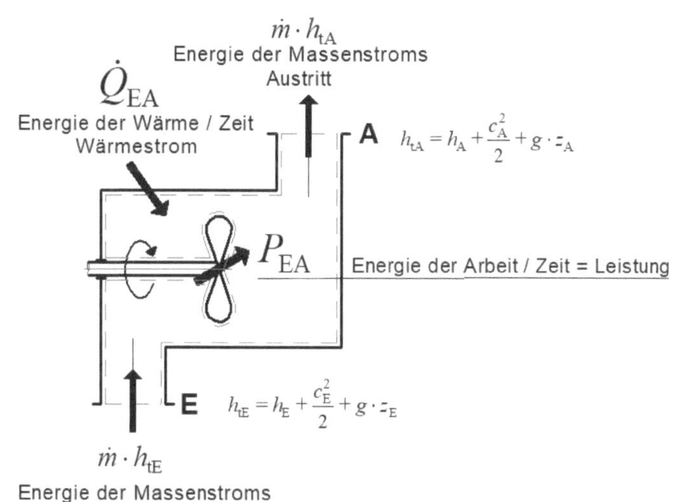

Bild 5.1
Beispiel für ein offenes System: schematisch dargestellter Verdichter

Als adiabat wird ein offenes System betrachtet, wenn bei Isolation keine Übertragung von Wärme stattfinden kann $\left(\dot{Q}_{\mathrm{EA}} = 0\right)$.

5.2 Geschlossene Systeme

Bei geschlossenen Systemen gibt es keinen Masseaustauch über die Systemgrenze. Wärmeaustauch und Arbeitsaustauch über die Systemgrenze sind erlaubt. Die Systemgrenze kann sich verschieben.

Bild 5.2 zeigt als Beispiel für ein geschlossenes System das sich in einem Zylinder befindende Gas, welches seitlich durch einen beweglichen Kolben dicht abgeschlossen ist.

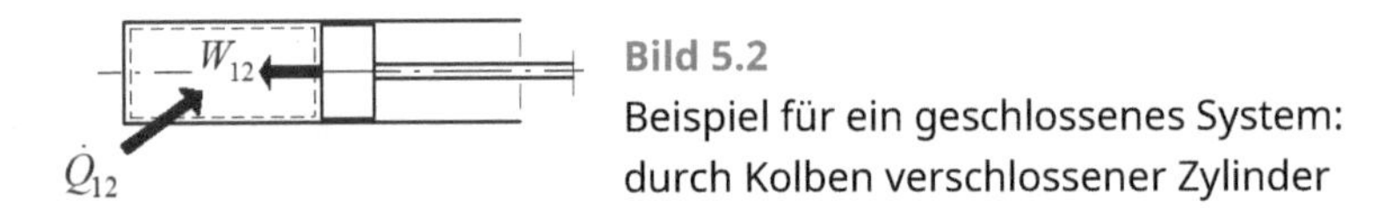

Bild 5.2
Beispiel für ein geschlossenes System: durch Kolben verschlossener Zylinder

Adiabat ist ein geschlossenes System, wenn wegen der Isolation keine Übertragung von Wärme stattfinden kann.

Abgeschlossene Systeme

Bei abgeschlossenen Systemen gibt es keinen Masseaustauch, keinen Wärmeaustauch und keinen Arbeitsaustauch über die Systemgrenze.

6 Erster Hauptsatz – Energie und Energiebilanzen

Die Thermodynamik unterscheidet einzelne Energieformen und verknüpft diese bei geschlossenen und offenen Systemen in den Bilanzgleichungen des ersten Hauptsatzes.

6.1 Geschlossene Systeme

Über die Grenzen geschlossener Systeme fließen nur Energieströme, aber keine Stoffströme. Geschlossene Systeme grenzen eine bestimmte Menge Stoff ab. Die sich im System befindende Masse bleibt auch bei einer Zustandsänderung konstant (m = konst.).

Bild 6.1 zeigt als Beispiel für ein geschlossenes System das sich in einem Zylinder befindende Gas, welches seitlich durch einen beweglichen Kolben dicht abgeschlossen ist. Durch die Systemgrenze, die als gestrichelte Linie dargestellt ist, wird das betrachtete thermodynamische System (auch Kontrollraum, Bilanzraum oder Bilanzhülle genannt) gegenüber seiner Umgebung abgegrenzt.

Im Zustand 1 nimmt das Gas das Volumen V_1 ein, es steht bei der Temperatur T_1 unter dem Druck p_1.

Wird der Kolben nach links verschoben und von außen über die Systemgrenze hinweg Wärme zugeführt, so erfährt das Gas eine Änderung seines Zustandes. Das führt zum Zustand 2, bei dem das Gas das Volumen V_2 einnimmt und bei der Temperatur T_2 unter dem Druck p_2 steht.

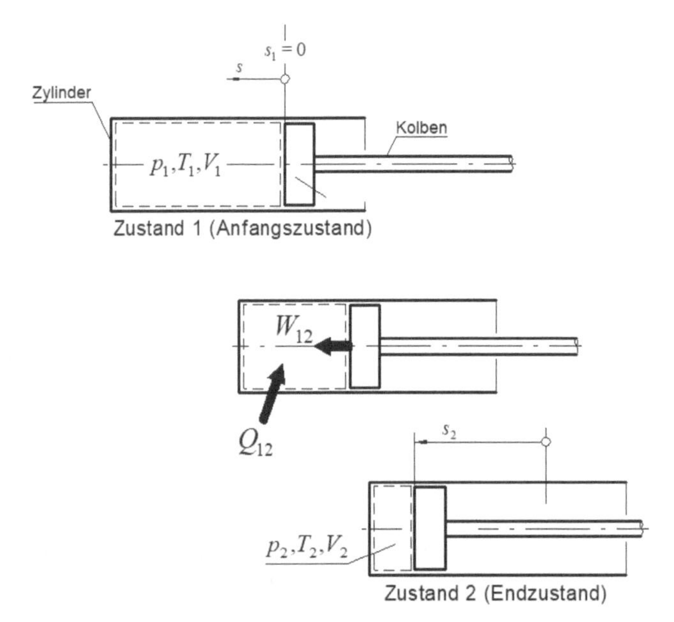

Bild 6.1 Beispiel für ein geschlossenes System: durch Kolben verschlossener Zylinder

Bei einer Zustandsänderung geht also ein thermodynamisches System (hier: das im Zylinder eingeschlossene Gas) von einem Zustand (hier: Zustand 1) in einen anderen (hier: Zustand 2) über.

Die dem System (Bild 6.1) insgesamt zugeführte mechanische Arbeit W_{12} und die zugeführte Wärme Q_{12} bewirken eine Änderung seines Energieinhaltes. Der Energieinhalt des Gases beim Zustand 1 wird durch die innere Energie U_1, der Energieinhalt des Gases beim Zustand 2 durch die innere Energie U_2 beschrieben.

Dieser Sachverhalt lässt sich durch die Gleichung

$$Q_{12} + W_{12} = U_2 - U_1 \tag{6.1}$$

ausdrücken; sie stellt die quantitative Formulierung des ersten Hauptsatzes der Thermodynamik für geschlossene Systeme dar. Sie gilt in dieser Form für Systeme, die keine Änderung ihrer kinetischen und potenziellen Energie erfahren ($E_{\text{kin}12} = 0$, $E_{\text{pot}12} = 0$), was im Folgenden stets vorausgesetzt werden soll.

Es bedeuten: Q_{12} die während der Zustandsänderung von 1 nach 2 an das Gas übertragene (transferierte) Wärme, W_{12} die während der Zustandsänderung von 1 nach 2 insgesamt am System verrichtete (zugeführte) mechanische Arbeit, U_1 die innere Energie des Gases im Zustand 1, U_2 die innere Energie des Gases im Zustand 2.

Die Größen Q_{12} und W_{12} werden auch Prozessgrößen genannt, deren Indizierung „12" (gesprochen: „eins zwei") darauf hinweist, dass diese Größen das System vom Zustand 1 in den Zustand 2 überführen.

Die während der Zustandsänderung von 1 nach 2 am System verrichtete mechanische Arbeit W_{12} dient hauptsächlich zur Änderung des Volumens von V_1 auf V_2 (Volumenänderungsarbeit W_{V12}). Ein geringer (vielfach vernachlässigbarer) Anteil von W_{12} wird durch Reibung (bei der Verschiebung des Kolbens im Gas erzeugte Dissipation, z. B. Wirbel) in Wärme umgesetzt. Dieser Anteil wird mit Dissipationsarbeit J_{12} bezeichnet. Somit ist

$$W_{12} = W_{V12} + J_{12} \tag{6.2}$$

Gl. 6.2 eingesetzt in Gl. 6.1 ergibt

$$Q_{12} + W_{V12} + J_{12} = U_2 - U_1 \tag{6.3}$$

Werden die Größen in Gl. 6.3 auf die sich im System befindende Masse m bezogen, lässt sich der erste Hauptsatz für geschlossene Systeme wie folgt formulieren

$$q_{12} + w_{V12} + j_{12} = u_2 - u_1 \tag{6.4}$$

mit $q_{12} = Q_{12}/m$, $w_{V12} = W_{V12}/m$, $j_{12} = J_{12}/m$, $u_1 = U_1/m$ und $u_2 = U_2/m$.

In der Thermodynamik werden die durch kleine und große Buchstaben bezeichneten Größen auch sprachlich unterschieden. So heißen z. B. U_1 innere Energie (Zustand 1) und u_1 spezifische innere Energie (Zustand 1). Auf derartige sprachliche Unterschiede wird hier manchmal verzichtet, obwohl man sich über deren Unterschiede im Klaren sein muss.

Die Gleichung zur Berechnung der am Gas verrichteten Volumenänderungsarbeit lautet

$$W_{V12} = -\int_1^2 p\mathrm{d}V \tag{6.5}$$

Bei einer Kompression wird **am** System Arbeit verrichtet und mit $\mathrm{d}V < 0$ nimmt die Volumenänderungsarbeit einen positiven Wert an. Bei einer Expansion (Bild 6.2) wird **vom** System Arbeit verrichtet und mit $\mathrm{d}V > 0$ nimmt die Volumenänderungsarbeit einen negativen Wert an.

Mit den Größen $\mathrm{d}v = \mathrm{d}V/m$ und $w_{V12} = W_{V12}/m$ ergibt sich die Volumenänderungsarbeit zu

$$w_{V12} = -\int_1^2 p\mathrm{d}v$$

und der erste Hauptsatz für geschlossene Systeme geht über in

$$q_{12} - \int_1^2 p\mathrm{d}v + j_{12} = u_2 - u_1 \tag{6.6}$$

Wird angenommen, dass das thermodynamische System (Gas im Zylinder) keinerlei Reibungseinflüssen unterliegt, dann ist die Dissipationsarbeit $j_{12} = 0$ und der erste Hauptsatz für geschlossene Systeme erhält die Form

$$q_{12} - \int_1^2 p\mathrm{d}v = u_2 - u_1 \tag{6.7}$$

Der Betrag der spezifischen Volumenänderungsarbeit entspricht der Fläche unter der Kurve im p-v-Diagramm (Bild 6.2).

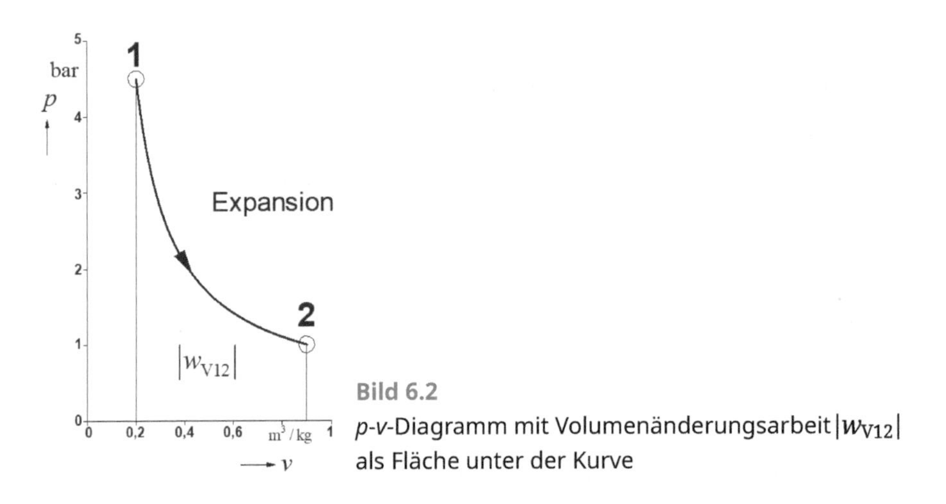

Bild 6.2
p-v-Diagramm mit Volumenänderungsarbeit $|w_{V12}|$ als Fläche unter der Kurve

6.2 Offene Systeme

Über die Grenzen offener Systeme fließen neben Energieströmen auch Stoffströme, die mit Energie behaftet sind. Bild 6.3 zeigt als Beispiel für ein offenes System das sich in einem Zylinder befindende Gas, welches seitlich durch einen beweglichen Kolben gasdicht abgeschlossen ist. Hier hat im Unterschied zum geschlossenen System (Bild 6.1) der Zylinderraum eine Öffnung, aus der Gas aus- oder einströmen kann.

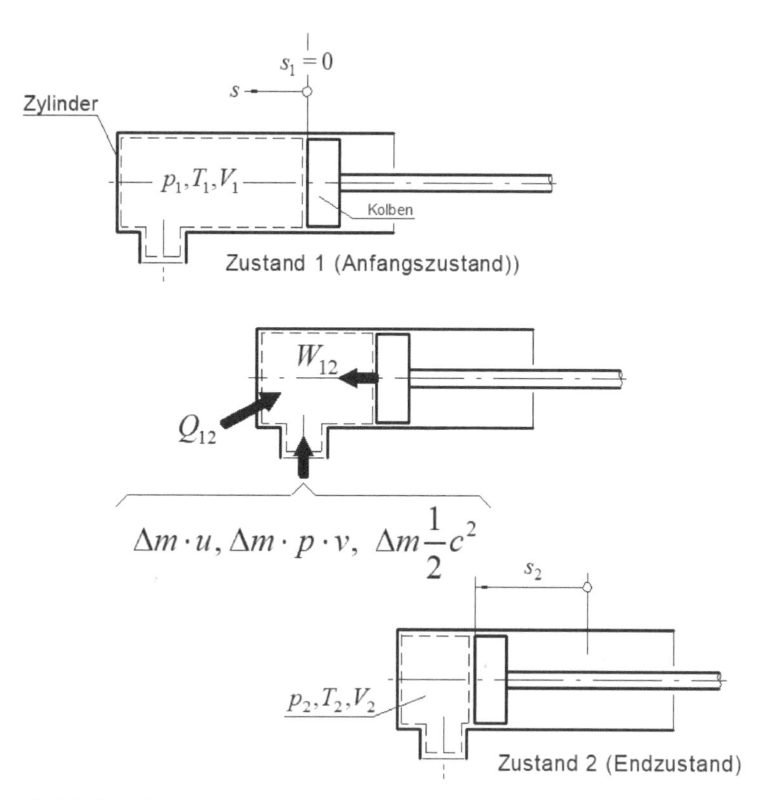

Bild 6.3 Offenes thermodynamisches System

Während der Zustandsänderung des Gases vom Zustand 1 in den Zustand 2 sollen eine Masse Δm über die Öffnung dem System zugeführt, durch Verschiebung des Kolbens am System Arbeit verrichtet und dem System von außen Wärme zugeführt werden.

Dem System werden somit Q_{12}, W_{12}, $\Delta m \cdot u$, $\Delta m \cdot p \cdot v$ und $1/2\ \Delta m \cdot c^2$ zugeführt. Dadurch ändert sich die innere Energie vom Zustand 1 (U_1) zum Zustand 2 (U_2).

Der erste Hauptsatz für das in Bild 6.3 dargestellte offene System lautet

$$Q_{12} + W_{12} + \Delta m \cdot u + \Delta m \cdot p \cdot v + \frac{1}{2} \Delta m \cdot c^2 = U_2 - U_1 \qquad (6.8)$$

Das Produkt $p \cdot v$ multipliziert mit der Massendifferenz Δm ergibt das die zum Hineindrücken dieser Masse aufzubringende Arbeit. Mit $\Delta m \cdot u$ wird die der Masse Δm innewohnende Energie, also deren innere Energie berücksichtigt. Weiterhin ist $1/2\ \Delta m \cdot c^2$ die kinetische Energie der Masse Δm.

Mit $h = p \cdot v + u$ nimmt Gl. 6.8 die Form

$$Q_{12} + W_{12} + \Delta m \left(h + \frac{1}{2}\,c^2\right) = U_2 - U_1 \tag{6.9}$$

an. Die Größe h wird Enthalpie genannt.

Mit $W_{12} = W_{V12} = -\int_1^2 p\mathrm{d}V$ ($J_{12} = 0$) erhält man

$$Q_{12} - \int_1^2 p\mathrm{d}V + \Delta m \left(h + \frac{1}{2}\,c^2\right) = U_2 - U_1 = m_2 \cdot u_2 - m_1 \cdot u_1 \tag{6.10}$$

Es liegt die Annahme zugrunde, dass man der Masse Δm einheitliche Zustandsgrößen zuordnen kann.

6.3 Offene Systeme – Fließprozesse

6.3.1 Fließprozesse – allgemein

Bei den hier behandelten Fließprozessen sind die Energieströme eine Funktion der Zeit, die als Arbeit, als Wärme und mit Stoffströmen über die Öffnungen des Systems ein- und austreten.

Sind mehrere Ein- und Austrittöffnungen vorhanden, müssen auch mehrere Massenströme (Stoffströme) berücksichtigt werden:

$$\frac{\mathrm{d}m}{\mathrm{d}t} = \sum_{\text{Ein}} \dot{m}_\mathrm{E}\,(t) - \sum_{\text{Aus}} \dot{m}_\mathrm{A}\,(t) \neq 0 \tag{6.11}$$

Mit $\mathrm{d}m/\mathrm{d}t$ kommt die zeitliche Änderung der im System vorhandenen Masse zum Ausdruck.

Zur Vereinfachung hat der als offenes System schematisch dargestellte Verdichter in Bild 6.4 **eine** Eintrittsöffnung und **eine** Austrittsöffnung. Es ist

$$\sum_{\text{Ein}} \dot{m}_\mathrm{E}\,(t) = \dot{m}_\mathrm{E}\,(t) \tag{6.12}$$

und

$$\sum_{\text{Aus}} \dot{m}_\mathrm{A}\,(t) = \dot{m}_\mathrm{A}\,(t) \tag{6.13}$$

Es soll mit Bild 6.4 der erste Hauptsatz der Thermodynamik für den hier behandelten allgemeinen Fall eines Fließprozesses verständlich gemacht werden.

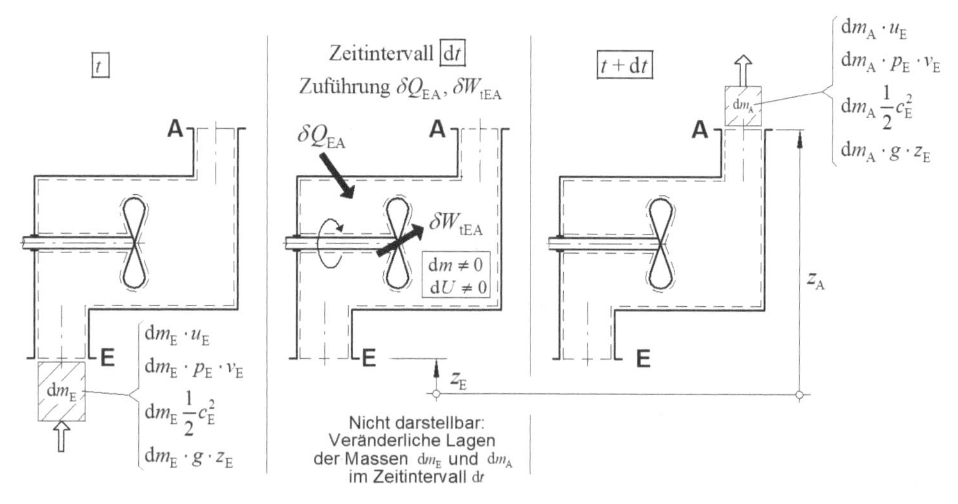

Bild 6.4 Fließprozess – am Beispiel eines Verdichters

Das offene System besitzt die mit **E** (Eintrittsquerschnitt) und **A** (Austrittsquerschnitt) bezeichneten Öffnungen. Die Systemgrenze (gestrichelte Linie) besteht aus allen Innenflächen des Verdichtergehäuses, den Ein- und Austrittsquerschnitten bei **E** und **A**, den Außenflächen des Verdichterlaufrades nebst des Teils der Oberfläche der Antriebswelle, die in das Verdichtergehäuse hineinragt.

Da der eintretende sich von dem austretenden Massenstrom unterscheidet, bleibt die Masse im Systeminnern **nicht** konstant ($\mathrm{d}m \neq 0$). Das führt dazu, dass die während des Zeitintervalls $\mathrm{d}t$ dem System insgesamt zugeführten und aus dem System abgeführten Energien eine Änderung der inneren Energie ($\mathrm{d}U \neq 0$) des Systems bewirken.

Werden ein- und austretende Energien bilanziert, ergib sich

$$\begin{aligned}\mathrm{d}U &= \delta Q_{\mathrm{EA}} + \delta W_{\mathrm{tEA}} + \mathrm{d}m_{\mathrm{E}} \cdot u_{\mathrm{E}} + \mathrm{d}m_{\mathrm{E}} \cdot p_{\mathrm{E}} \cdot v_{\mathrm{E}} + \mathrm{d}m_{\mathrm{E}} \tfrac{1}{2} c_{\mathrm{E}}^2 + \mathrm{d}m_{\mathrm{E}} \cdot g \cdot z_{\mathrm{E}} \\ &\quad - \mathrm{d}m_{\mathrm{A}} \cdot u_{A} - \mathrm{d}m_{\mathrm{A}} \cdot p_{\mathrm{A}} \cdot v_{\mathrm{A}} - \mathrm{d}m_{\mathrm{A}} \tfrac{1}{2} c_{\mathrm{A}}^2 - \mathrm{d}m_{\mathrm{A}} \cdot g \cdot z_{\mathrm{A}} \end{aligned} \tag{6.14}$$

$$\begin{aligned}\delta Q_{\mathrm{EA}} + \delta W_{\mathrm{tEA}} &= \mathrm{d}U + \mathrm{d}m_{\mathrm{A}} \left(u_{\mathrm{A}} + p_{\mathrm{A}} \cdot v_{\mathrm{A}} + \frac{1}{2} c_{\mathrm{A}}^2 + \mathrm{d}m_{\mathrm{A}} \right) - \\ &\quad dm_{\mathrm{E}} \left(p_{\mathrm{E}} \cdot v_{\mathrm{E}} + \frac{1}{2} c_{\mathrm{E}}^2 + g \cdot z_{\mathrm{E}} \right) \end{aligned} \tag{6.15}$$

Mit $\frac{\delta Q_{\mathrm{EA}}}{dt} = \dot{Q}_{\mathrm{EA}}, \frac{\delta W_{\mathrm{tEA}}}{dt} = \dot{W}_{\mathrm{EA}}, \frac{\mathrm{d}m_{\mathrm{E}}}{dt} = \dot{m}_{\mathrm{E}}, \frac{\mathrm{d}m_{\mathrm{A}}}{dt} = \dot{m}_{\mathrm{A}}$ ergibt sich

$$\dot{Q}_{EA} + \dot{W}_{\mathrm{tEA}} = \frac{\mathrm{d}U}{\mathrm{d}t} + \dot{m}_{\mathrm{A}}\left(u_{\mathrm{A}} + p_{\mathrm{A}} \cdot v_{\mathrm{A}} + \frac{1}{2}c_{\mathrm{A}}^2 + g \cdot z_{\mathrm{A}}\right) - \dot{m}_{\mathrm{E}}\left(u_{\mathrm{E}} + p_{\mathrm{E}} \cdot v_{\mathrm{E}} + \frac{1}{2}c_{\mathrm{E}}^2 + g \cdot z_{\mathrm{E}}\right) \quad (6.16)$$

$$\dot{Q}_{\mathrm{EA}} + \dot{W}_{\mathrm{tEA}} = \frac{\mathrm{d}U}{\mathrm{d}t} + \dot{m}_{\mathrm{A}}\left(h_{\mathrm{A}} + \frac{1}{2}c_{\mathrm{A}}^2 + g \cdot z_{\mathrm{A}}\right) - \dot{m}_{\mathrm{E}}\left(h_{\mathrm{E}} + \frac{1}{2}c_{\mathrm{E}}^2 + g \cdot z_{\mathrm{E}}\right) \quad (6.17)$$

Alle Größen in dieser Gleichung hängen von der Zeit ab. Das sind nicht nur $\dot{Q}_{\mathrm{EA}}$ und $\dot{W}_{\mathrm{tEA}}$, sondern auch die Massenströme mit deren spezifischen Energien. Die Lösung von Gl. 6.17 gestaltet sich deshalb äußerst schwierig. Es wird in der Praxis mit vereinfachenden Annahmen gearbeitet, wie der nachfolgende Abschnitt für stationäre Fließprozesse zeigt.

6.3.2 Fließprozesse – stationär

Bei stationären Fließprozessen handelt es sich ebenfalls um offene Systeme, über deren Grenzen neben Energieströmen auch mit Energie behaftete Stoffströme fließen. Ein wesentlicher Unterschied zu den oben behandelten offenen Systemen besteht darin, dass bei stationären Fließprozessen der Energieinhalt des Systems von der Zeit **un**abhängig ist, da alle Größen zeit**un**abhängig sind.

Es soll ein schematisch dargestellter Verdichter herangezogen werden, um den 1. Hauptsatz der Thermodynamik für stationäre Fließprozesse verständlich zu machen (Bild 6.5).

Das offene System besitzt die mit **E** (Eintrittsquerschnitt) und **A** (Austrittsquerschnitt) bezeichneten Öffnungen. Die Systemgrenze (gestrichelte Linie) besteht auch hier aus allen Innenflächen des Verdichtergehäuses, den Ein- und Austrittsquerschnitten bei **E** und **A**, den Außenflächen des Verdichterlaufrades nebst des Teils der Oberfläche der Antriebswelle, die in das Verdichtergehäuse hineinragt. Da es sich um einen stationären Fließprozess handelt, ändert sich die Energie der Masse m und die innerer Energie U des Systems nicht.

Die Masse dm befindet sich zum Zeitpunkt t vor dem Eintritt in das System (Bild 6.5, links); zum Zeitpunkt $t + \mathrm{d}t$ befindet sich die Masse dm am Austritt aus dem System (Bild 6.5, rechts).

Im Zeitintervall dt werden die Prozessgrößen δQ_{EA} (Wärme) und δW_{tEA} (Arbeit) zugeführt.

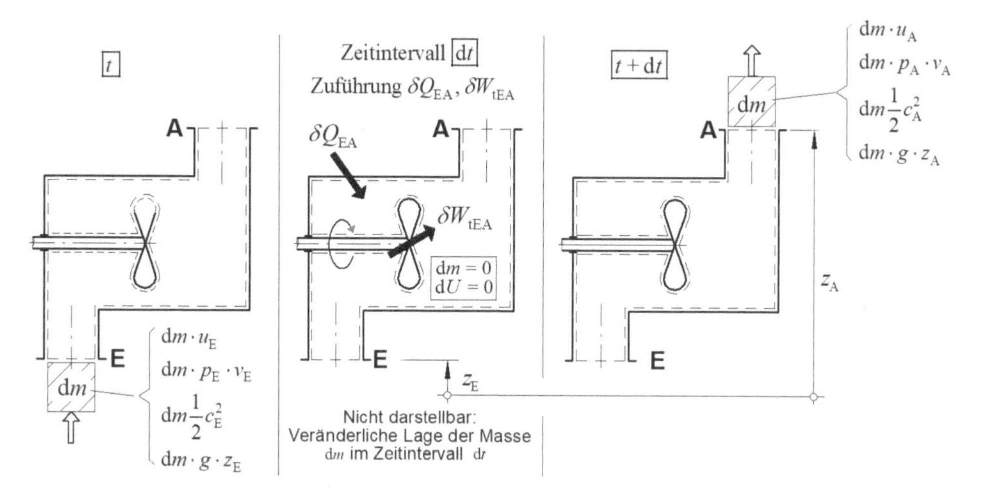

Bild 6.5 Fließprozess – am Beispiel eines Verdichters

Die während des Zeitintervalls dt dem System insgesamt zugeführten und aus dem System abgeführten Energien lassen sich bilanzieren zu

$$\delta Q_{EA} + \delta W_{tEA} + dm \cdot u_E + dm \cdot p_E \cdot v_E + dm \frac{c_E^2}{2} + dm \cdot g \cdot z_E = dm \cdot u_A + dm \cdot p_A \cdot v_A + dm \frac{c_A^2}{2} + dm \cdot g \cdot z_A \tag{6.18}$$

$$\delta Q_{EA} + \delta W_{tEA} + dm \left(u_E + p_E \cdot v_E + \frac{c_E^2}{2} + g \cdot z_E \right) = dm \left(u_A + p_A \cdot v_A + \frac{c_A^2}{2} + g \cdot z_A \right) \tag{6.19}$$

Definition: Spezifische Verschiebearbeit $p_A \cdot v_A - p_E \cdot v_E$ (Bild 6.6).

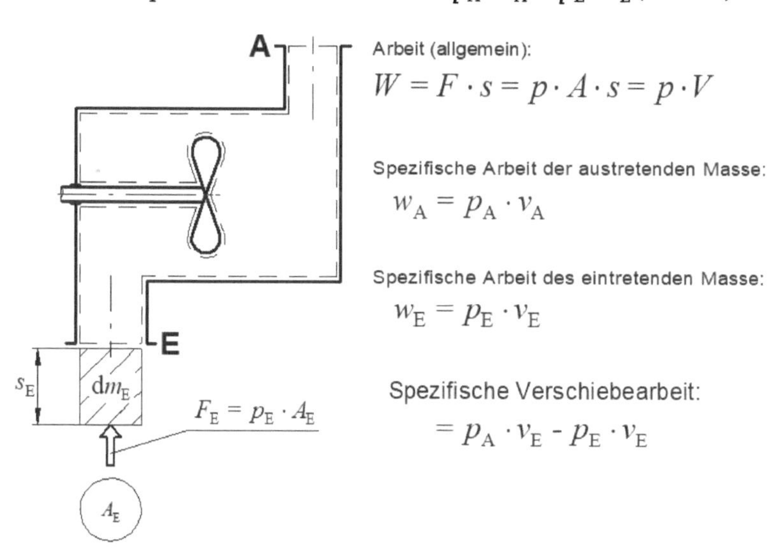

Bild 6.6 Zur Erläuterung der spezifischen Verschiebearbeit

In Abschnitt 6.3.1 wird bei der Aufstellung der Energiebilanzen ebenfalls die spezifische Verschiebearbeit verwendet. Zu deren Erläuterung wird auf Bild 6.6 verwiesen.

Spezifische Enthalpien: $h_E = u_E + p_E \cdot v_E, h_A = u_A + p_A \cdot v_A$.

$$\delta Q_{EA} + \delta W_{tEA} + \mathrm{d}m \left(h_E + \frac{c_E^2}{2} + g \cdot z_E \right) = \mathrm{d}m \left(h_A + \frac{c_A^2}{2} + g \cdot z_A \right)$$

$$\delta Q_{EA} + \delta W_{tEA} = \mathrm{d}m \left(h_A + \frac{c_A^2}{2} + g \cdot z_A - h_E - \frac{c_E^2}{2} - g \cdot z_E \right) \tag{6.20}$$

Es strömt dann durch offene System (Bild 6.4) der Massenstrom $\dot{m} = \mathrm{d}m/\mathrm{d}t$, dem der Wärmestrom $\dot{Q}_{EA} = \delta Q_{EA}/\mathrm{d}t$ und die Leistung $P_{EA} = \delta W_{tEA}/\mathrm{d}t$ zugeführt werden

$$\frac{\delta Q_{EA}}{\mathrm{d}t} + \frac{\delta W_{tEA}}{\mathrm{d}t} = \frac{\mathrm{d}m}{\mathrm{d}t} \left(h_A + \frac{c_A^2}{2} + g \cdot z_A - h_E - \frac{c_E^2}{2} - g \cdot z_E \right) \tag{6.21}$$

$$\dot{Q}_{EA} + P_{EA} = \dot{m} \left[\left(h_A + \frac{c_A^2}{2} + g \cdot z_A \right) - \left(h_E + \frac{c_E^2}{2} + g \cdot z_E \right) \right] \tag{6.22}$$

$$\dot{Q}_{EA} + P_{EA} = \dot{m} \left(h_A - h_E + \frac{c_A^2}{2} - \frac{c_E^2}{2} + g \cdot z_A - g \cdot z_E \right) \tag{6.23}$$

Der erste Hauptsatz für stationäre Fließprozesse lautet somit

$$\dot{Q}_{EA} + P_{EA} = \dot{m} \left(h_A - h_E + \frac{1}{2} \left(c_A^2 - c_E^2 \right) + g \left(z_A - z_E \right) \right) \tag{6.24}$$

Wird diese Gleichung durch den Massenstrom $\dot{m}$ dividiert, erhält man den ersten Hauptsatz für stationäre Fließprozesse in spezifischer Form

$$q_{EA} + w_{EA} = h_A - h_E + \frac{1}{2} \left(c_A^2 - c_E^2 \right) + g \left(z_A - z_E \right) \tag{6.25}$$

mit $q_{EA} = \frac{\dot{Q}_{EA}}{\dot{m}}$ und $w_{tEA} = \frac{P_{EA}}{\dot{m}}$.

Gl. 6.24 und Gl. 6.25 sind unter der Voraussetzung gültig, dass an den Grenzen des Systems stationäre Zustände vorliegen, d. h. alle Größen sind nicht von der Zeit abhängig. Im Inneren des Systems sind auch Vorgänge erlaubt, die mit der Zeit veränderlich sind. Typische Beispiele hierfür sind Kolben- und Turbokompressoren.

Für die Enthalpiedifferenz gilt nach der Fundamentalgleichung von *Gibbs*

$$h_A - h_E = \int_E^A v dp + \int_E^A T ds \tag{6.26}$$

Die in dieser Gleichung vorkommende Größe s heißt Entropie. Sie ist eine Zustandsgröße (wie beispielsweise Druck und Temperatur) des thermodynamischen Systems.

Der Begriff Entropie wird ausführlicher im Kapitel 8 behandelt.

Weiterhin gilt bei Berücksichtigung der Dissipationsarbeit

$$\int_E^A T ds = q_{EA} + j_{EA} \tag{6.27}$$

Gl. 6.27 eingesetzt in Gl. 6.26 liefert für die Enthalpiedifferenz

$$h_A - h_E = \int_E^A v dp + q_{EA} + j_{EA} \tag{6.28}$$

Es ergibt sich mit

$$q_{EA} + w_{tEA} = h_A - h_E + \frac{1}{2}\left(c_A^2 - c_E^2\right) + g\left(z_A - z_E\right)$$

und Gl. 6.28

$$q_{EA} + w_{tEA} = \int_E^A v dp + q_{EA} + j_{EA} + \frac{1}{2}\left(c_A^2 - c_E^2\right) + g\left(z_A - z_E\right) \tag{6.29}$$

$$\int_E^A v dp = w_{tEA} - j_{EA} - \frac{1}{2}\left(c_A^2 - c_E^2\right) - g\left(z_A - z_E\right) \tag{6.30}$$

Wird berücksichtigt, dass normalerweise $\frac{1}{2}\left(c_A^2 - c_E^2\right) - g\left(z_A - z_E\right)$ vernachlässigt werden kann, findet sich

$$\int_E^A v dp = w_{tEA} - j_{EA} \tag{6.31}$$

Die Diagramme von Bild 6.7 veranschaulichen, dass gilt

$$\int_E^A v dp = p_A \cdot v_A - p_E \cdot v_E - \int_E^A p dv \tag{6.32}$$

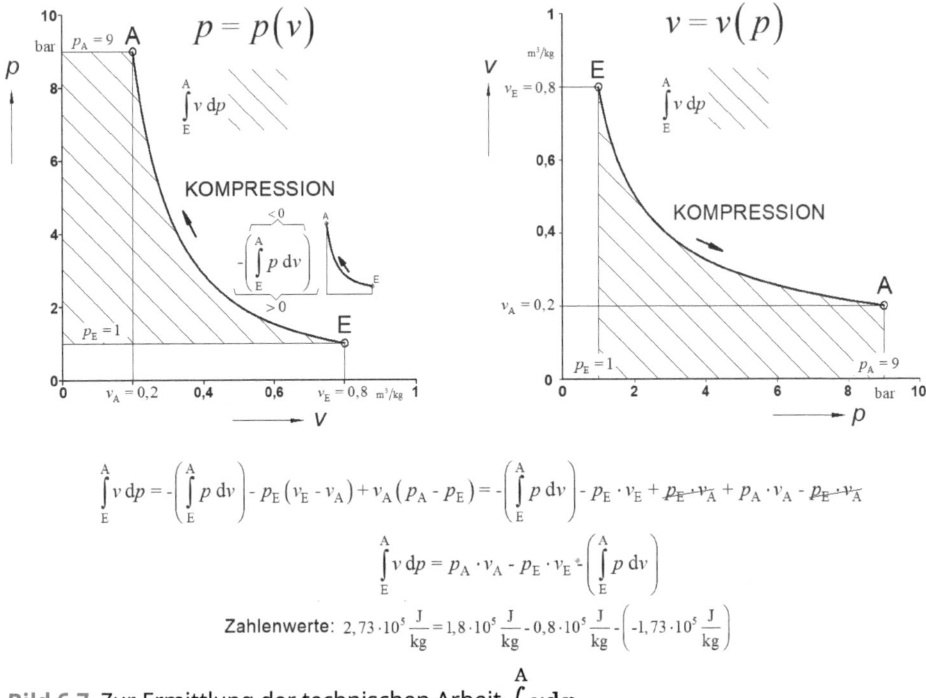

Bild 6.7 Zur Ermittlung der technischen Arbeit $\int_E^A v\mathrm{d}p$

Die Indizierung der Größen beim stationären Fließprozess orientiert sich an den räumlich getrennt liegenden Strömungsquerschnitten. Beispiele: p_E ist der am Eintrittsquerschnitt E herrschende Druck, c_A die am Austrittsquerschnitt A vorliegende (gemittelte) Strömungsgeschwindigkeit. Im Unterschied dazu orientiert sich die Indizierung der Größen bei den für geschlossene Systeme vorgestellten Prozessen an den Zeitpunkten 1 (t_1) und 2 (t_2). Beispiele: U_1 ist die innere Energie des Systems zum Zeitpunkt t_1, U_2 ist die innere Energie des Systems zum Zeitpunkt t_2 und Q_{12} ist die an das System während des Zeitbereichs t_2–t_1 übertragene Wärmeenergie.

7

Zweiter Hauptsatz – Entropie und Entropiebilanzen

7.1 Entropie

Zur Erläuterung des Begriffs Entropie wird vom ersten Hauptsatz in differenzieller Form $\mathrm{d}u = \delta q - p \cdot \mathrm{d}v + \delta j$ ausgegangen. Nach $\delta q + \delta j = \mathrm{d}u + p \cdot \mathrm{d}v$ umgestellt und durch die thermodynamische Temperatur T dividiert ergibt sich

$$\frac{\delta q}{T} + \frac{\delta j}{T} = \frac{\mathrm{d}u}{T} + \frac{p \cdot \mathrm{d}v}{T} \tag{7.1}$$

Den Zustandsgrößen du, dv wird ein „d", den Prozessgrößen δq, δj, ein „δ" vorangestellt. Damit soll zum Ausdruck gebracht werden, dass es sich bei Zustandsgrößen um eine Differenz handelt, während das bei Prozessgrößen nicht der Fall ist. Die Differenz zweier Zustandsgrößen ist z. B. $u_{12} = u_2 - u_1$, bei einer Prozessgröße ist z. B. $q_{12} = \int_1^2 \delta q$; es wäre falsch die Schreibweise $q_{12} = q_2 - q_1$ zu benutzen.

Die Integration von Gl. 7.1 mit $\mathrm{d}u = c_\mathrm{v} \cdot \mathrm{d}T$ und $p/T = R/v$ (ideale Gase) ergibt

$$\int_1^2 \frac{\delta q}{T} + \int_1^2 \frac{\delta j}{T} = \int_1^2 c_\mathrm{v} \frac{\mathrm{d}T}{T} + \int_1^2 R \frac{\mathrm{d}v}{v} = c_\mathrm{v} \cdot \ln \frac{T_2}{T_1} + R \cdot \ln \frac{v_2}{v_1} \tag{7.2}$$

Die rechte Seite von Gl. 7.2 belegt, dass es sich nur um Zustandsgrößen handelt. Man führt nach *Clausius, R.* die Bezeichnung Entropie (Entropie-Differenzial) ein, die (das) somit ebenfalls eine Zustandsgröße ist.

$$\mathrm{d}s = \frac{\delta q}{T} + \frac{\delta j}{T} = \frac{\mathrm{d}u}{T} + \frac{p \cdot \mathrm{d}v}{T} \tag{7.3}$$

Die beiden folgenden Gleichungen drücken nach *Baehr, H. D.* die mathematische Formulierung des zweiten Hauptsatzes aus. Sie sind gültig für einfache Systeme, die durch zwei Zustandsgrößen eindeutig beschrieben werden können.

$$T \cdot \mathrm{d}s = \mathrm{d}u + p \cdot \mathrm{d}v = \delta q + \delta j \tag{7.4}$$

bzw.

$$T \cdot \mathrm{d}s = \mathrm{d}h - v \cdot \mathrm{d}p \tag{7.5}$$

Gl. 7.5 wird erhalten, wenn in Gl. 7.4 $\mathrm{d}u = \mathrm{d}h - v \cdot \mathrm{d}p - p \cdot \mathrm{d}v$ eingesetzt wird.

Die Entropie ist auch für reale Gase eine Zustandsgröße (*Böswirth, L., Plint M. A.*). Eine Vorstellung von der Entropie sollte man sich nicht machen, sondern diese lediglich als Rechengröße betrachten, mit der bestimmte Aussagen getroffen werden können. So lassen sich beispielweise mit der Entropie die bei einem Prozess auftretenden Wärme- und Dissipationsenergien veranschaulichen.

Aus Gl. 7.4 folgt

$$\int_1^2 T\mathrm{d}s = q_{12} + j_{12} = u_2 - u_1 + \int_1^2 p\mathrm{d}v \tag{7.6}$$

Für die Entropieänderung idealer Gase ergibt sich

$$s_{12} = s_2 - s_1 = c_\mathrm{v} \cdot \ln \frac{T_2}{T_1} + R \cdot \ln \frac{v_2}{v_1} \tag{7.7}$$

Wie Gl. 7.3 zeigt, ergibt sich eine Entropieänderung, wenn über dessen Grenze Wärme transportiert und Energie im Systeminnern dissipiert wird

$$\mathrm{d}s = \mathrm{d}s_\mathrm{Q} + \mathrm{d}s_\mathrm{irr} \tag{7.8}$$

Mit $\mathrm{d}s_\mathrm{Q} = \frac{\delta q}{T}$ und $\mathrm{d}s_\mathrm{irr} = \frac{\delta j}{T}$ führt das zu

$$s_{12} = s_2 - s_1 = \int_1^2 \frac{\delta q}{T} + \int_1^2 \frac{\delta j}{T} = s_{\mathrm{Q}12} + s_{\mathrm{irr}12} \tag{7.9}$$

Darin sind

$s_{\mathrm{Q}12} = \int_1^2 \frac{\delta q}{T}$ Änderung der Entropie durch Wärmetransport über die Systemgrenze (Zustandsänderung vom Zustand 1 zum Zustand 2)

$s_{\mathrm{irr}12} = \int_1^2 \frac{\delta j}{T}$ Änderung der Entropie durch Dissipation im Inneren des Systems (Zustandsänderung vom Zustand 1 zum Zustand 2)

Der Transport von Arbeit über die Systemgrenze führt zu keiner Änderung der Entropie.

Wird Wärme über die Grenze einem System zugeführt, erhöht sich dessen Entropie: $\Delta s_{Q12} > 0$. Beim Abführen von Wärme gilt: $\Delta s_{Q12} < 0$; die Entropie verringert sich. Da die Dissipationsenergie bei allen in der Natur vorkommenden Prozessen immer positiv ist, muss $\Delta s_{irr12} > 0$ sein. Nur bei den gedachten reversiblen Prozessen, bei denen keine Dissipation auftritt ist $\Delta s_{irr12} = 0$.

Ausgehend von Gl. 7.8 werden als Entropiebilanzgleichungen nach *Baehr, H.D.* bezeichnet:

$$\frac{ds}{dt} = \frac{ds_Q}{dt} + \frac{ds_{irr}}{dt} = \dot{s}_Q + \dot{s}_{irr} \tag{7.10}$$

$$\frac{dS}{dt} = \frac{dS_Q}{dt} + \frac{dS_{irr}}{dt} = \dot{S}_Q + \dot{S}_{irr} \tag{7.11}$$

In den beiden nachfolgenden Abschnitten wird näher auf die Entropiebilanzen für geschlossene und offene Systeme eingegangen.

7.2 Entropiebilanzen – geschlossene Systeme

Bei geschlossenen Systemen gibt es keinen Materietransport über die Systemgrenze, sondern ein- und austretende Wärmeströme, mit der an der jeweiligen Stelle herrschenden thermodynamischen Temperatur und der im Inneren produzierte Entropie (Bild 7.1).

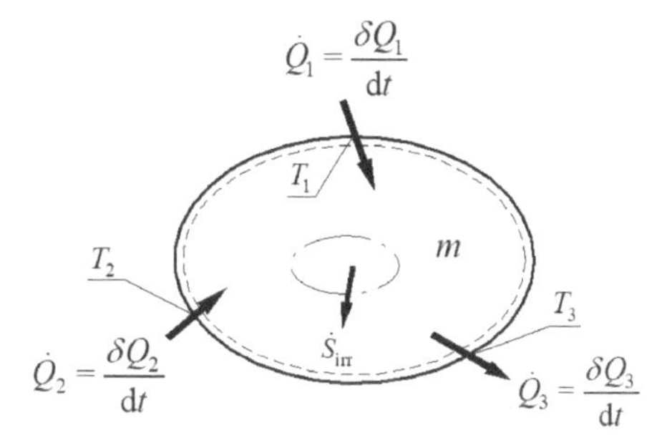

Bild 7.1
Geschlossenes System mit zwei eintretenden Wärmeströmen und einem austretendem Wärmestrom und der im Inneren stattfindenden Dissipation

Der gesamte Entropietransportstrom bei *n* Wärmeströmen über die Systemgrenze ist

$$\sum_{i=1}^{n} \dot{S}_{Qi} = \sum_{i=1}^{n} \frac{\dot{Q}_i}{T_i} \tag{7.12}$$

Eintretende Wärmeströme haben dabei positives Vorzeichen, austretende negatives. Das Vorzeichen des gesamten Entropietransportstroms kann positiv, negativ oder gleich null sein.

Da alle in der Natur vorkommenden Prozesse irreversibel sind, kommt es durch Dissipation im Systeminneren zu einem Entropieproduktionsstrom, der immer positiv ist:

$$\dot{S}_{irr} = \frac{dS_{irr}}{dt} > 0 \tag{7.13}$$

Nur im Fall eines gedachten reversiblen Prozesses gilt $\dot{S}_{irr} = 0$.

Ausgehend von der Entropiebilanzgleichung

$$\frac{dS}{dt} = \sum_{i=1}^{n} \dot{S}_{Qi} + \dot{S}_{irr} = \sum_{i=1}^{n} \frac{\delta Q_i / T_i}{dt} + \frac{dS_{irr}}{dt} \tag{7.14}$$

mit $\frac{\delta Q_i/T}{dt} = \dot{S}_{Qi}$ und $\frac{dS_{irr}}{dt} = \dot{S}_{irr}$, ergibt sich

$$dS = \sum_{i=1}^{n} \dot{S}_{Qi} \cdot dt + \dot{S}_{irr} \cdot dt \tag{7.15}$$

und somit die Entropieänderung eines geschlossenen Systems, das vom Zustand 1 (zum Zeitpunkt t_1) in den Zustand 2 (zum Zeitpunkt t_2) übergeht

$$S_2 - S_1 = \sum_{i=1}^{n} \dot{S}_{Qi} \, (t_2 - t_1) + \dot{S}_{irr} \, (t_2 - t_1) \tag{7.16}$$

In obigen Gleichungen können ebenso spezifische Größen verwendet werden: $s = S/m$, $\dot{s}_{Qi} = \dot{S}_{Qi}/m$, $\dot{s}_{irr} = \dot{S}_{irr}/m$, $\dot{q} = \dot{Q}/m$.

7.3 Entropiebilanzen – offene Systeme

Bei offenen Systemen findet Materietransport über die Systemgrenze statt. Deshalb muss deren Entropietransport bei der Bilanzierung Beachtung finden (Bild 7.2).

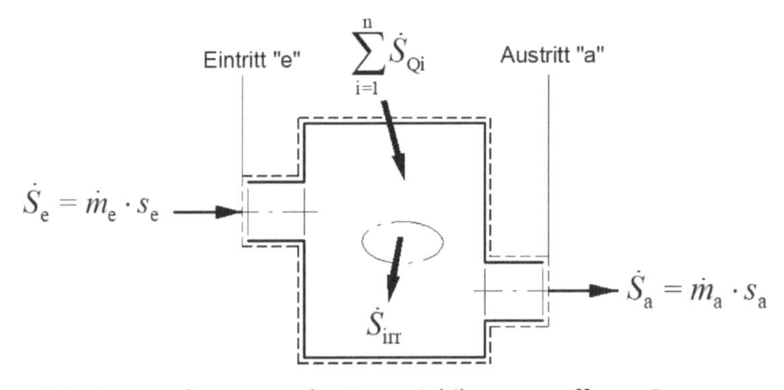

Bild 7.2 Zur Erläuterung der Entropiebilanzen – offenes System

Wenn jeweils **ein** Fluidstrom eintritt und **ein** Fluidstrom austritt (Bild 7.2) lautet die Entropiebilanzgleichung:

$$\frac{dS}{dt} = \dot{S}_e - \dot{S}_a + \sum_{i=1}^{n} \dot{S}_{Qi} + \dot{S}_{irr} \tag{7.17}$$

$$\frac{dS}{dt} = \dot{m}_e \cdot s_e - \dot{m}_a \cdot s_a + \sum_{i=1}^{n} \dot{S}_{Qi} + \dot{S}_{irr} \tag{7.18}$$

Bei stationärem Verlauf $(dS/dt = 0)$ gilt

$$\dot{S}_a - \dot{S}_e = \sum_{i=1}^{n} \dot{S}_{Qi} + \dot{S}_{irr} \tag{7.19}$$

Entropiebilanzgleichung, wenn **mehrere** Fluidströme ein- und austreten:

$$\frac{dS}{dt} = \sum_{e} \dot{S}_e - \sum_{a} \dot{S}_a + \sum_{i=1}^{n} \dot{S}_{Qi} + \dot{S}_{irr} = \sum_{e} \dot{m}_e \cdot s_e - \sum_{a} \dot{m}_a \cdot s_a + \sum_{i=1}^{n} \dot{S}_{Qi} + \dot{S}_{irr} \tag{7.20}$$

Bei stationärem Verlauf $(dS/dt = 0)$ gilt

$$\sum_{a} \dot{m}_a \cdot s_a - \sum_{e} \dot{m}_e \cdot s_e = \sum_{i=1}^{n} \dot{S}_{Qi} + \dot{S}_{irr} \tag{7.21}$$

Bei obigen Gleichungen muss man sich darüber im Klaren sein, das alle Größen auch von der Zeit abhängen können, was deren Behandlung ungleich schwieriger gestaltet.

8 Diagramme

8.1 *p*-*v*-Diagramme

Ändert ein System seinen Zustand 1 zum Zustand 2, so lässt sich dessen Zustandsänderung im einem *p*-*v*-Diagramm anschaulich darstellen. Beispiele dafür zeigen Bild 8.1 und Bild 8.2.

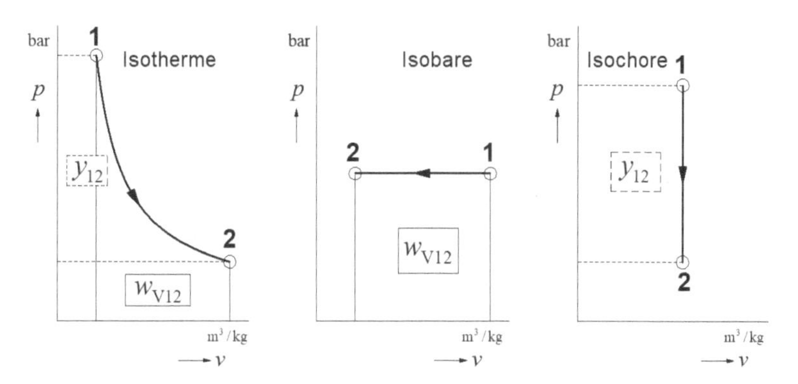

Bild 8.1 *p*-*v*-Diagramme: isotherme, isobare und isochore Zustandsänderung

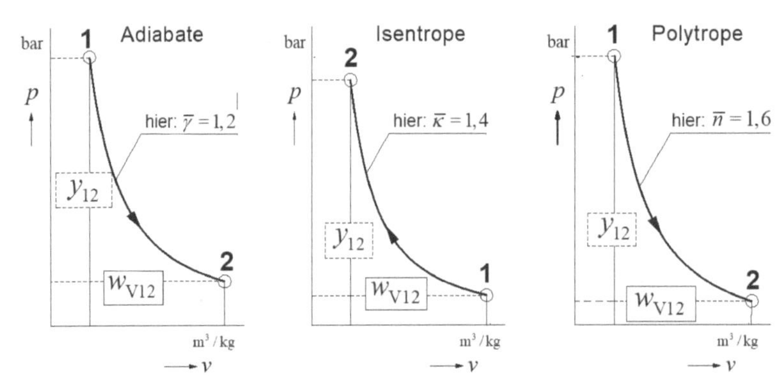

Bild 8.2 *p-v*-Diagramme: adiabate, isentrope und polytrope Zustandsänderung

Die Kurvenverläufe $p = p\,(v)$ lassen sich nach den in Tabelle 4.1 und Tabelle 4.2 aufgeführten funktionalen Abhängigkeiten berechnen.

Die Fläche unter der Kurve ist ein Maß für die spezifische Volumenänderungsarbeit $w_{V12} = -\int_1^2 p\mathrm{d}v$. Auch die spezifische Strömungsarbeit $y_{12} = \int_1^2 v\mathrm{d}p$ ist im *p-v*-Diagramm darstellbar.

8.2 *T-s*-Diagramme

In der Thermodynamik werden häufig auch *T-s*-Diagramme verwendet. Beispiele für die Zustandsänderungen vom Zustand 1 zum Zustand 2 zeigen Bild 8.3 und Bild 8.4. Die Fläche unter der Kurve ist ein Maß für die Summe aus spezifischer Wärme und Dissipation, mit Ausnahme der adiabaten und der isentropen Zustandsänderung. Es gilt

$$\int_1^2 T\mathrm{d}s = q_{12} + j_{12} \tag{8.1}$$

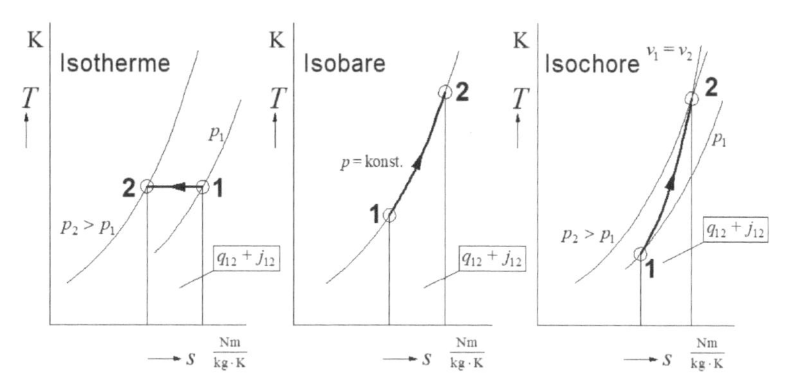

Bild 8.3 *T-s*-Diagramme: isotherme, isobare und isochore Zustandsänderung

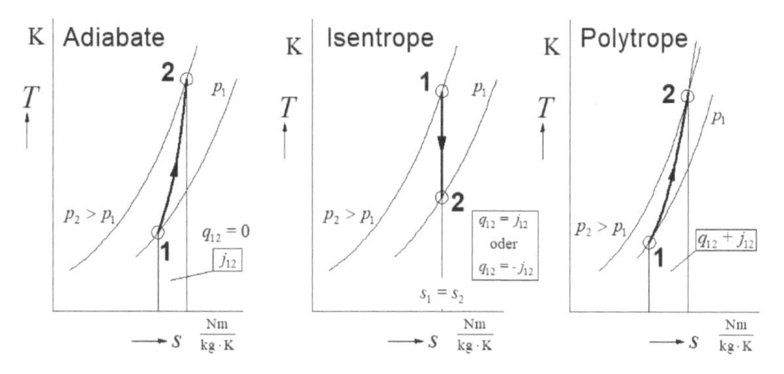

Bild 8.4 *T-s*-Diagramme: adiabate, isentrope und polytrope Zustandsänderung

8.3 *T-s*-Diagramme – Wasser/Wasserdampf

In *T-s*-Diagrammen für Wasser/Wasserdampf sind neben der Siede und Taulinie meistens Isobaren, Isochoren und im Nassdampfgebiet die *x*-Linien konstanten Dampfgehalts eingetragen (Isovaporen). Bei $x = 0$ (0 %) liegt Wasser in flüssiger Form (siedend) und bei $x = 1$ (100 %) gasförmig (trocken gesättigt) vor. Bei beispielsweise $x = 70$ %, besteht der Nassdampf zu 70 % aus Wasserdampf (gasförmiges Wasser) und zu 30 % aus flüssigem Wasser.

$$x = \frac{m_{\mathrm{D}}}{m_{\mathrm{F}} + m_{\mathrm{D}}} = \frac{m_{\mathrm{D}}}{m_{\mathrm{ND}}} \tag{8.2}$$

Mit $m_{\mathrm{ND}} = 10\,\mathrm{kg}$, $m_{\mathrm{D}} = 7\,\mathrm{kg}$ und $m_{\mathrm{F}} = 3\,\mathrm{kg}$ ergibt sich $x = 0,7$.

Ein für Wasser/Wasserdampf gültiges *T-s*-Diagramm zeigt beispielsweise Bild 8.5. Auf der waagerechten Achse ist die spezifische Entropie *s* mit der Einheit kJ/(kg · K) aufgetragen.

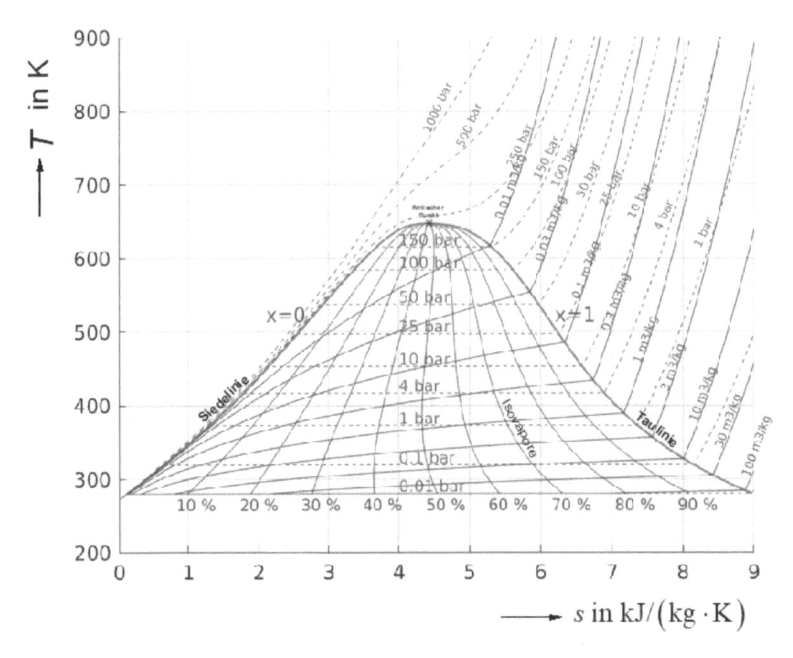

Bild 8.5 *T-s*-Diagramm für Wasser, Grafik: hartrusion.com

8.4 *h-s*-Diagramme

Als Beispiel für ein *h-s*-Diagramm zeigt hier Bild 8.6 die Zustandsänderungen der Luft einer (einfachen) Gasturbinenanlage.

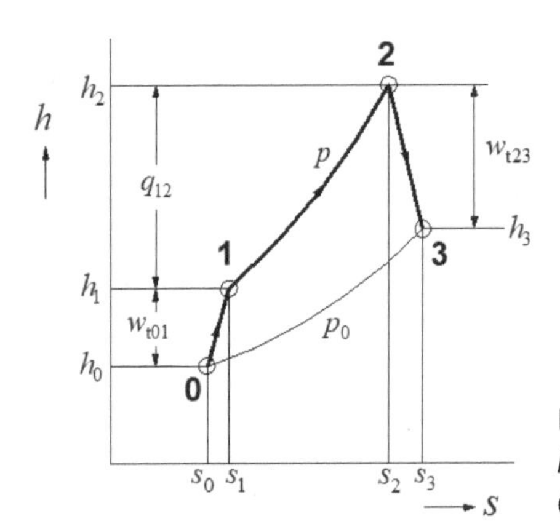

Bild 8.6
h-s-Diagramm der Luft einer Gasturbinenanlage

h-s-Diagramme sind beliebt, weil sich Wärmeenergie, Arbeit und Enthalpie durch Stecken darstellen lassen.

9 Exergie und Anergie

9.1 Allgemeines

Die Begriffe Exergie und Anergie dienen dazu, Energien hinsichtlich ihrer Umwandelbarkeit zu beurteilen.

Nicht alle Energien können ohne Einschränkung in andere Energieformen umgewandelt werden. So kann thermische Energie nur begrenzt in mechanische Energie umgewandelt werden.

Nach *Rant* führt das zu

$$\text{Energie} = \text{Exergie} + \text{Anergie} \tag{9.1}$$

Die Exergie ist der Anteil der thermischen Energie, der bei reversibler Zustandsänderung in mechanische Arbeit umgewandelt werden kann und somit als Nutzen (theoretisch) zur Verfügung steht. Die nicht in Exergie umwandelbare Energie besteht aus Anergie. Das ist der Anteil der thermischen Energie, der als Abwärme nach dem zweiten Hauptsatz abgegeben werden muss (z. B. an das Kühlwasser eines Kraftwerkes).

Die mechanischen Energien und die elektrische Energie bestehen aus reiner Exergie, da sich diese bei reversiblen Prozessen unbeschränkt in andere Energieformen umwandeln lassen.

Beschränkt umwandelbare Energien werden durch die Umgebung beeinflusst. Stimmen Zustandsgrößen wie Temperatur und Druck eines Systems mit denen der Umgebung überein, dann besteht keine weitere Möglichkeit der Umwandlung.

In den folgenden Abschnitten werden Exergie und Anergie der Wärme, des Wärmestroms, des Stoffstroms, der inneren Energie von reversiblen Prozessen, der Exergieverlust von geschlossenem und offenem System und der exergetische Wirkungsgrad behandelt.

9.2 Wärme

Um zur Exergie der Wärme E_{Q12} zu gelangen, geht man von einem Kreisprozess mit den Zustandsänderungen 1 bis 4 aus (Bild 9.1). Diesem wird die Wärme Q_{C12} bei veränderlicher Temperatur $T \neq$ **konst.** $(T_1 \leq T \leq T_2)$ zugeführt und die Wärme Q_{C34} bei konstanter Umgebungstemperatur T_u abgeführt. Die zugeführte Wärme wird durch die Fläche unter 1 ⟶ 2 repräsentiert, die der abgeführten Wärme durch die Fläche unter 3 ⟶ 4.

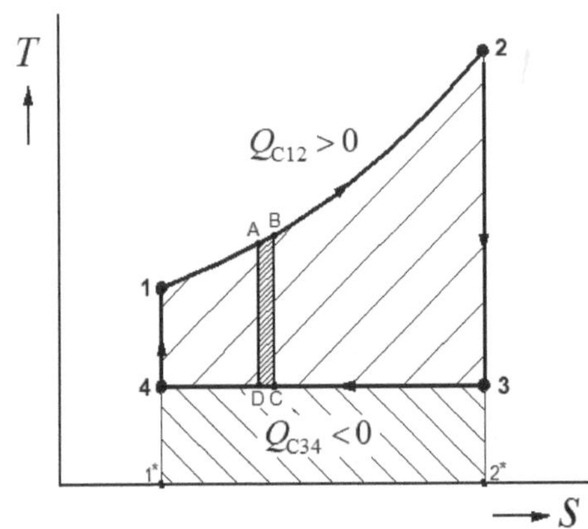

Bild 9.1
Zur Ermittlung der Exergie der Wärme E_{Q12}

Die Fläche unter 1 ⟶ 2 wird durch die Punkte 1, 2, 2* und 1* abgegrenzt; die der Fläche unter 3 ⟶ 4 durch die Punkte 4, 3, 2* und 1*.

Die durch 1, 2, 3 und 4 abgegrenzte Fläche (rechtssteigende Schraffur) wird in beliebig viele kleine Carnot-Teilprozesse A, B, C, D zerlegt.

Da es sich um *Carnot*-Prozesse handelt, gilt analog zu Gl. 11.2

$$-\mathrm{d}W_C = \left(1 - \frac{T_u}{T}\right) dQ_C \tag{9.2}$$

Die Exergie der Wärme $\mathrm{d}E_Q$ ist dabei der Nutzen in Form der abgegebenen Arbeit $-\mathrm{d}W_C$:

$$\mathrm{d}E_Q = -\mathrm{d}W_C$$

Wird Gl. 9.2 integriert, ergibt das

$$E_{Q12} = \int_1^2 \left(1 - \frac{T_u}{T}\right) \mathrm{d}Q_C = Q_{C12} - T_u \int_1^2 \frac{\mathrm{d}Q_C}{T} = Q_{C12} - T_u \cdot S_{Q12} \tag{9.3}$$

Die spezifische Exergie der Wärme wird

$$e_{Q12} = \frac{E_{Q12}}{m}$$

Aus $Q_{C12} = E_{C12} + B_{C12}$ erhält man die Anergie der Wärme zu

$$B_{C12} = Q_{C12} - E_{C12} = Q_{C12} - \left[Q_{C12} - T_u \cdot S_{Q12}\right] = T_u \cdot S_{Q12} \qquad (9.4)$$

Die spezifische Anergie der Wärme wird

$$b_{C12} = \frac{B_{C12}}{m}$$

9.3 Wärmestrom

Mithilfe des *Carnot*-Prozesses lässt sich die Exergie und Anergie des Wärmestroms veranschaulichen (Bild 9.2).

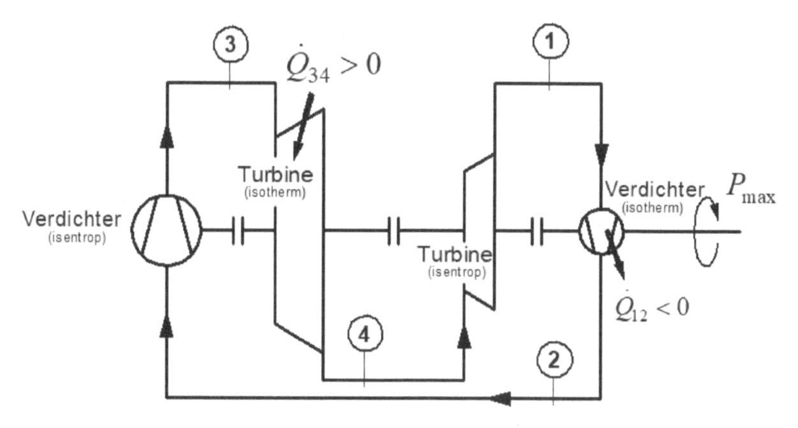

Bild 9.2 *Carnot*-Prozess

Beim *Carnot*'schen-Kreisprozess wird dem Fluid der isotherm arbeitenden Turbine die spezifische Wärmeenergie q_{34} zugeführt; die spezifische mechanische Arbeit $-w_C$ wird gewonnen. Bei dem vom Massenstrom $\dot{m}$ durchströmten System beträgt die Leistung $P_{max} = -\dot{m} \cdot w_C < 0$ die maximal (theoretisch) gewonnen werden kann. Der dem System zugeführte Wärmestrom ist $\dot{Q} = \dot{Q}_{34} = \dot{m} \cdot q_{34} > 0$.

Der *Carnot*-Faktor wird hierfür

$$\eta_C = \frac{-P_{max}}{\dot{Q}} = 1 - \frac{T_u}{T} \qquad (9.5)$$

T ist die konstante Temperatur, bei der der Wärmestrom $\dot{Q}$ zugeführt wird.

Aus Gl. 9.5 folgt

$$-P_{\text{max}} = \left(1 - \frac{T_\text{u}}{T}\right)\dot{Q} \tag{9.6}$$

$-P_{\text{max}}$ ist die maximal gewinnbare Leistung (theoretisch) und damit der Exergiestrom $\dot{E}_\text{Q}$ des Wärmestroms $\dot{Q}$:

$$\dot{E}_\text{Q} = -P_{\text{max}} = \left(1 - \frac{T_\text{u}}{T}\right)\dot{Q} \tag{9.7}$$

Nach Gl. 9.7 erhöht sich mit größer werdender Temperatur T der Exergiestrom, wenn $T_\text{u} = \text{konst.}$ bleibt.

Es ergeben sich mit Gl. 9.1:

- Energiestrom $\dot{Q}$,
- Exergiestrom $\dot{E}_\text{Q} = -P_{\text{max}}$,
- Anergiestrom $\dot{B}_\text{Q}$.

Daraus folgt der Anergiestrom

$$\dot{B}_\text{Q} = \dot{Q} - \dot{E}_\text{Q} = \dot{Q} + P_{\text{max}} = \dot{Q} - \left(1 - \frac{T_\text{u}}{T}\right)\dot{Q} = \dot{Q} - \left(\dot{Q} - \dot{Q}\frac{T_\text{u}}{T}\right) = \dot{Q} - \dot{Q} + \dot{Q}\frac{T_\text{u}}{T}$$

$$\dot{B}_\text{Q} = \frac{T_\text{u}}{T}\dot{Q} = \left|\dot{Q}_\text{ab}\right| \tag{9.8}$$

Der Anergiestrom ist gleich dem Betrag des Abwärmestroms.

Das Herleiten von Gl. 9.8 wird in Anhang **A-1** erläutert.

9.4 Stoffstrom

Um zum Exergie- und Anergiestrom eines energiebeladenen Stoffstroms zu gelangen, wird hier ein stationär durchströmtes offenes System betrachtet, das am Eintritt den Enthalpiestrom

$$\dot{H}_1 = \dot{m}\left(h_1 + \frac{c_1^2}{2} + g \cdot z_1\right) \tag{9.9}$$

und am Austritt den Enthalpiestrom

$$\dot{H}_u = \dot{m}\left(h_u + \frac{c_u^2}{2} + g \cdot z_u\right) \tag{9.10}$$

hat. Für den energiebeladenen Enthalpiestrom am Eintritt $\dot{H}_1$ ist der Exergiestrom $\dot{E}_{H_1}$ und der Anergiestrom $\dot{B}_{H_1}$ zu ermitteln:

$$\dot{H}_1 = \dot{E}_{H_1} + \dot{B}_{H_1} \tag{9.11}$$

Der Enthalpiestrom hat am Austritt die spezifische Enthalpie der Umgebung h_u mit $c_u = 0$ und $z_u = 0$ (Bild 9.3).

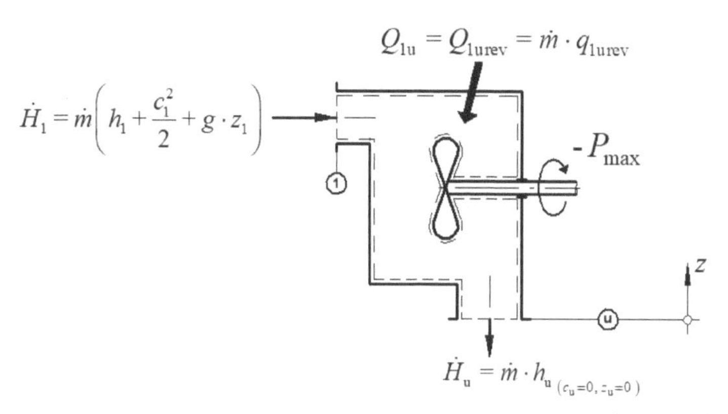

Bild 9.3 Stationärer Fließprozess zu Bestimmung von $\dot{E}_{H_1}$ und $\dot{B}_{H_1}$ eines eintretenden Enthalpiestroms

Die Energiebilanz lautet (Bild 9.3)

$$\dot{Q}_{1u} + P_{max} = \dot{H}_u - \dot{H}_1$$

$$\dot{Q}_{1u} + P_{max} = \dot{m}\left(h_u + \frac{c_u^2}{2} + g \cdot z_u\right) - \dot{m}\left(h_1 + \frac{c_1^2}{2} + g \cdot z_1\right)$$

$$\dot{Q}_{1u} + P_{max} = \dot{m}\left[h_u - h_1 + \frac{1}{2}\left(c_u^2 - c_1^2\right) + g\left(z_u - z_1\right)\right]$$

Mit $c_u = 0$ und $z_u = 0$ ergibt sich

$$\dot{Q}_{1u} + P_{max} = \dot{m}\left(h_u - h_1 - \frac{1}{2}c_1^2 - g \cdot z_1\right)$$

$$P_{max} = \dot{m}\left(h_u - h_1 - \frac{1}{2}c_1^2 - g \cdot z_1\right) - \dot{Q}_{1u}$$

$$-P_{max} = \dot{m}\left(h_1 - h_u + \frac{1}{2}c_1^2 + g \cdot z_1\right) + \dot{Q}_{1u}$$

Wird auf den Druck p_u^* expandiert, so muss anschließend der Wärmestrom $\dot{Q}_{1u}$ (reversibel) zum Erreichen des Umgebungsdrucks p_u zugeführt werden. Bei Expansion auf p_u entfällt die Zufuhr von $\dot{Q}_{1u}$. Es ist dann $s_u - s_1 = 0$ (Bild 9.4).

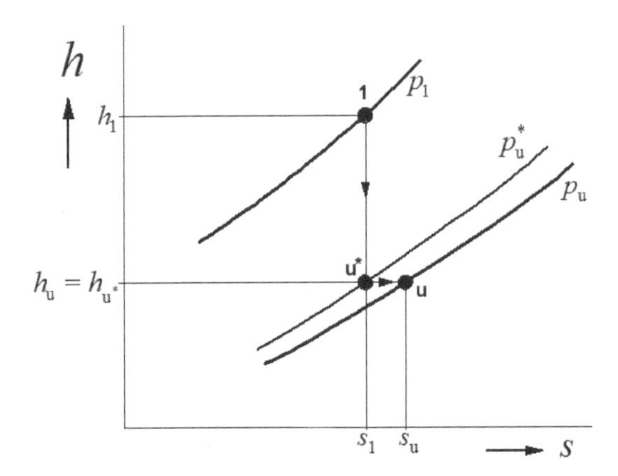

Bild 9.4 Zustandsänderungen zur Erzielung der Leistung $-P_{max}$ im h-s-Diagramm

Aus der Änderung der Entropieströme

$$\dot{S}_u - \dot{S}_1 = \frac{\dot{Q}_{1u}}{T_u} = \dot{m}\,(s_u - s_1)$$

ergibt sich der Wärmestrom zu

$$\dot{Q}_{1u} = \dot{m} \cdot T_u\,(s_u - s_1)$$

Die vom System abgegebene Leistung ist dann

$$-P_{max} = \dot{m}\left[h_1 - h_u + \frac{1}{2}c_1^2 + g \cdot z_1\right] + \dot{m} \cdot T_u\,(s_u - s_1) \tag{9.12}$$

Der Exergiestrom E_{H_1} ist die vom System abgegebene Leistung (Nutzen):

$$\dot{E}_{H_1} = -P_{max} = \dot{m}\left[h_1 - h_u + \frac{1}{2}c_1^2 + g \cdot z_1 + T_u\,(s_u - s_1)\right] \tag{9.13}$$

Als Anergiestrom erhält man

$$\dot{B}_{H_1} = \dot{H}_1 - \dot{E}_{H_1}$$

$$\dot{B}_{H_1} = \dot{m}\left(h_1 + \frac{c_1^2}{2} + g \cdot z_1\right) - \dot{m}\left[(h_1 - h_u) + \frac{c_1^2}{2} + g \cdot z_1 + T_u\,(s_u - s_1)\right]$$

$$\dot{B}_{H_1} = \dot{m} \cdot h_1 + \dot{m}\frac{c_1^2}{2} + \dot{m} \cdot g \cdot z_1 - \dot{m} \cdot h_1 + \dot{m} \cdot h_u -$$
$$\dot{m}\frac{1}{2}c_1^2 - \dot{m} \cdot g \cdot z_1 - \dot{m} \cdot T_u (s_u - s_1)$$

$$\dot{B}_{H_1} = \dot{m} [h_u - T_u (s_u - s_1)] \qquad (9.14)$$

Die spezifische Exergie und Anergie werden dann

$$\frac{\dot{E}_{H_1}}{\dot{m}} = e_{H_1} = h_1 - h_u + \frac{1}{2}c_1^2 + g \cdot z_1 + T_u (s_u - s_1) \qquad (9.15)$$

und

$$\frac{\dot{B}_{H_1}}{\dot{m}} = b_{H_1} = h_u - T_u (s_u - s_1) \qquad (9.16)$$

9.5 Innere Energie

Ein geschlossenes System hat im Zustand 1 die innere Energie U_1. Diese teilt sich in den nutzbaren Anteil Exergie E_{U_1} und den nicht nutzbaren Anteil Anergie B_{U_1} auf:

$$U_1 = E_{U_1} + B_{U_1} \qquad (9.17)$$

Der erste Hauptsatz für ein geschlossenes System lautet

$$U_u - U_1 = Q_{1u} - \int_1^u p\mathrm{d}V$$

$$\int_1^u p\mathrm{d}V = Q_{1u} - (U_u - U_1)$$

Der maximal erreichbarer Wert der Nutzarbeit ergibt sich zu

$$-W_{N,max} = \int_1^u p\mathrm{d}V - p_u (V_u - V_1) = Q_{1u} - (U_u - U_1) - p_u (V_u - V_1)$$

mit $Q_{1u} = T_u (S_u - S_1)$ wird daraus

$$-W_{N,max} = U_1 - U_u + p_u (V_1 - V_u) - T_u (S_1 - S_u)$$

Ein geschlossenes System verrichtet bei reversibler Expansion vom Zustand 1 zum Zustand u den maximal erreichbaren Wert der Nutzarbeit $-W_{N,max}$, der die Exergie des Systems darstellt:

$$E_{U_1} = -W_{N,max} = U_1 - U_u + p_u (V_1 - V_u) - T_u (S_1 - S_u) \qquad (9.18)$$

Die Anergie ergibt sich zu

$$B_{U_1} = U_1 - E_{U_1}$$

$$B_U = U_1 - [U_1 - U_u + p_u (V_1 - V_u) - T_u (S_1 - S_u)]$$

$$B_{U_1} = U_1 - U_1 + U_u - p_u (V_1 - V_u) + T_u (S_1 - S_u)$$

$$B_{U_1} = U_u - p_u (V_1 - V_u) + T_u (S_1 - S_u) \quad (9.19)$$

Für die spezifische Exergie und spezifische Anergie ergeben sich nach Division durch die Systemmasse m:

$$e_{U_1} = u_1 - u_u + p_u (v_1 - v_u) - T_u (s_1 - s_u) \quad (9.20)$$

$$b_{U_1} = u_u - p_u (v_1 - v_u) + T_u (s_1 - s_u) \quad (9.21)$$

9.6 Exergieverlust

Bei der Berechnung von Exergien und Anergien wird stets von reversiblen Prozessen ausgegangen. So lassen sich der maximal mögliche (theoretische) Wert der Nutzleistung/Nutzarbeit als Exergie und der nicht nutzbare Anteil als Anergie berechnen.

Reale Prozesse sind alle irreversibel. Ein Teil der Exergie wird in Anergie umgewandelt. Deshalb wird der durch die Exergie ausgedrückte Nutzen des jeweiligen Prozesses geschmälert, was sich als Exergieverlust ausdrückt.

9.6.1 Geschlossene Systeme

Die Exergie – der erzielbare Maximalwert der Nutzarbeit bei einer Zustandsänderung vom Zustand 1 zum Zustand u – ist nach Gl. 9.18

$$E_{U_1} = U_1 - U_u + p_u (V_1 - V_u) - T_u (S_1 - S_u)$$

Analog gilt bei einer Zustandsänderung vom Zustand 2 zum Zustand u.

$$E_{U_2} = U_2 - U_u + p_u (V_2 - V_u) - T_u (S_2 - S_u)$$

Für reversible Prozesse gilt:

$$E_{U_2} = E_{U_1} + E_{Q12} + W_{N12} \quad (9.22)$$

Das Herleiten von Gl. 9.22 wird in Anhang **A-2** erläutert.

Für irreversible Prozesse gilt:

$$E_{U_{2,irr}} = U_2 - U_u + p_u (V_2 - V_u) - T_u (S_{2,irr} - S_u) \tag{9.23}$$

$$E_{U_{2,irr}} = E_{U_1} + E_{Q12} + W_{N12} - E_{UV} \tag{9.24}$$

Das führt zum gesuchten Exergieverlust für geschlossene Systeme

$$E_{UV} = E_{U_1} - E_{U_{2,irr}} + E_{Q12} + W_{N12}$$

Nach einigen Umformungen ergibt sich

$$E_{UV} = T_u \cdot S_{irr12} \tag{9.25}$$

Das Herleiten der Gl. 9.25 wird in Anhang **A-3** erläutert.

9.6.2 Offene Systeme

Bei offenen Systemen ist der eintretende Exergiestrom nach Gl. 9.13

$$\dot{E}_{H_1} = \dot{m} \left[h_1 - h_u + \frac{1}{2} c_1^2 + g \cdot z_1 + T_u (s_u - s_1) \right]$$

und analog der austretende Exergiestrom

$$\dot{E}_{H_2} = \dot{m} \left[h_2 - h_u + \frac{1}{2} c_2^2 + g \cdot z_2 + T_u (s_u - s_2) \right]$$

Im Fall irreversibler Prozesse ist der austretende Exergiestrom $\dot{E}_{H_2 irr}$ gegenüber dem eintretendem Exergiestrom $\dot{E}_{H_1}$ um den Exergiestrom der Wärme $\dot{E}_{Q12}$ und die Wellenleistung P erhöht. Er vermindert sich analog zu Gl. 9.24 um den Exergieverluststrom $\dot{E}_{HV}$:

$$\dot{E}_{H_2 irr} = \dot{E}_{H_1} + \dot{E}_{Q12} + P - \dot{E}_{HV}$$

Aus dieser Bilanz folgt der Exergieverluststrom

$$\dot{E}_{HV} = \dot{E}_{H_1} - \dot{E}_{H_2 irr} + \dot{E}_{Q12} + P$$

und mit der Exergie des Wärmestroms, analog zu Gl. 9.3

$$\dot{E}_{Q12} = \dot{Q}_{12} - T_u \left[(\dot{S}_2 - \dot{S}_1) - \Delta\dot{S}_{irr12} \right] = \dot{Q}_{12} - T_u \cdot \dot{S}_{Q12}$$

erhält man

$$\begin{aligned}\dot{E}_{\text{HV}} &= \left\{\dot{Q}_{12} + P - \dot{m}\left[(h_2 - h_1) + \tfrac{1}{2}\left(c_2^2 - c_1^2\right) + g\,(z_2 - z_1)\right]\right\}\\ &\quad + T_{\text{u}}\left[\dot{S}_2 - \left(\dot{S}_1 - \dot{S}_{\text{Q12}}\right)\right]\end{aligned}$$

Der Term in der geschweiften Klammer ist die Energiebilanzgleichung, die den Wert Null ergibt.

Das führt zum Exergieverluststrom offener Systeme

$$\dot{E}_{\text{HV}} = T_{\text{u}}\left[\dot{S}_2 - \left(\dot{S}_1 - \Delta\dot{S}_{\text{Q12}}\right)\right] = T_{\text{u}} \cdot \dot{S}_{\text{irr12}} \tag{9.26}$$

9.7 Exergetischer Wirkungsgrad

Bei der Umwandlung thermischer Energie in Nutzarbeit bei einer Wärmekraftmaschine bestehen Einschränkungen, die durch die Umgebungsbedingungen bedingt sind.

Der exergetische Wirkungsgrad ist ein Maß für die Qualität der Energieumwandung. Seine Definition besteht aus dem Verhältnis der in einem Prozess gewonnenen Nutzexergie E_{N} und der zugeführten Exergie E_{zu}:

$$\zeta = \frac{E_{\text{N}}}{E_{\text{zu}}} \tag{9.27}$$

In Gl. 9.27 ist die Nutzleistung $E_{\text{N}} = E_{\text{zu}} - E_{\text{V}}$ (E_{V} = Exergieverlust). Das führt zu

$$\zeta = \frac{E_{\text{zu}} - E_{\text{V}}}{E_{\text{zu}}} = 1 - \frac{E_{\text{V}}}{E_{\text{zu}}} \tag{9.28}$$

10 Gemische und Mischungsprozesse

10.1 Grundgrößen

Ein Gemisch ist beispielweise atmosphärische Luft aus Sticksoff, Sauerstoff, Wasser, Kohlendioxid und Edelgasen, wie Argon, Xenon, Krypton u. a.

Gemische haben i = 1, …, N Komponenten mit der Masse

$$m = \sum_{i=1}^{N} m_i = m_1 + m_2 + m_3 + \ldots + m_N \qquad (10.1)$$

und dem Massenanteil der Komponente i

$$\xi_i = \frac{m_i}{m} \qquad (10.2)$$

$$\xi_1 + \xi_2 + \xi_3 + \ldots + \xi_N = 1 \qquad (10.3)$$

Die Molzahl der Komponente i ist

$$n_i = \frac{m_i}{M_i} \qquad (10.4)$$

und die Gesamtmolzahl

$$n = n_1 + n_2 + n_3 + \ldots + n_N \qquad (10.5)$$

mit dem Molanteil

$$\psi_i = \frac{n_i}{n} \qquad (10.6)$$

$$\psi_1 + \psi_2 + \psi_3 + \ldots + \psi_N = 1 \qquad (10.7)$$

Es ist auch

$$\xi_i = \frac{m_i}{m} = \frac{n_i \cdot M_i}{\sum\limits_{i=1}^{N} m_i} = \frac{n_i \cdot M_i}{\sum\limits_{i=1}^{N} n_i \cdot M_i} = \frac{n_i}{n}\frac{M_i}{M} = \psi_i \frac{M_i}{M} \tag{10.8}$$

und das Molgewicht

$$\frac{1}{M} = \sum_{i=1}^{N} \frac{\xi_i}{M_i} \tag{10.9}$$

Gl. 10.9 kommt wie folgt zustande:

$$\frac{1}{M} = \frac{n}{m} = \frac{1}{m}\sum_{i=1}^{N} n_i = \sum_{i=1}^{N} \frac{n_i}{m} = \sum_{i=1}^{N} \frac{\frac{m_i}{m}}{\frac{m_i}{n_i}} = \sum_{i=1}^{N} \frac{\xi_i}{M_i}$$

Dichte des Gemischs

$$\rho = \frac{m}{V} = \frac{m_1 + m_2 + m_3 + \ldots + m_N}{V} = \frac{V_1 \frac{m_1}{V_1} + V_2 \frac{m_2}{V_2} + V_3 \frac{m_3}{V_3} + \ldots V_N \frac{m_N}{V_N}}{V}$$

$$\rho = \frac{V_1 \cdot \rho_1 + V_2 \cdot \rho_2 + V_3 \cdot \rho_3 + \ldots V_N \cdot \rho_N}{V} = \frac{V_1}{V}\rho_1 + \frac{V_2}{V}\rho_2 + \frac{V_3}{V}\rho_3 + \ldots \frac{V_N}{V}\rho_N$$

$$\rho = \frac{n_1}{n}\rho_1 + \frac{n_2}{n}\rho_2 + \frac{n_3}{n}\rho_3 + \ldots + \frac{n_N}{n}\rho_N = \psi_1 \cdot \rho_1 + \psi_1 \cdot \rho_1 + \psi_1 \cdot \rho_1 + \ldots + \rho_N \cdot \psi_N$$

$$\rho = \sum_{i=1}^{N} \psi_i \cdot \rho_i \tag{10.10}$$

10.2 Weitere Größen

Innere Energie

$$U = \sum_{i=1}^{N} m_i \cdot u_i = \sum_{i=1}^{N} m \cdot \xi_i \cdot u_i = m \sum_{i=1}^{N} \xi_i \cdot u_i \tag{10.11}$$

Spezifische innere Energie, Molare innere Energie

$$u = \frac{U}{m} = \sum_{i=1}^{N} \xi_i \cdot u_i \tag{10.12}$$

$$U_m = \frac{U}{n} = \frac{\sum\limits_{i=1}^{N} m_i \cdot u_i}{n} = \sum_{i=1}^{N} \frac{m_i}{n} \cdot u_i = \sum_{i=1}^{N} \xi_i \cdot u_i \tag{10.13}$$

Spezifische Enthalpie, Molare Enthalpie

$$h = \frac{H}{m} = \sum_{i=1}^{N} \xi_i \cdot h_i \tag{10.14}$$

$$H_m = \frac{H}{n} = \sum_{i=1}^{N} \psi_i \cdot H_{mi} \tag{10.15}$$

Spezifische Wärmekapazitäten

$$\overline{c}_v = \sum_{i=1}^{N} \xi_i \cdot \overline{c}_{vi} \tag{10.16}$$

$$\overline{c}_p = \sum_{i=1}^{N} \xi_i \cdot \overline{c}_{pi} \tag{10.17}$$

Molare Wärmekapazitäten

$$\overline{C}_{mv} = \sum_{i=1}^{N} \psi_i \cdot \overline{C}_{mvi} \tag{10.18}$$

$$\overline{C}_{mp} = \sum_{i=1}^{N} \psi_i \cdot \overline{C}_{mpi} \tag{10.19}$$

Entropie, Spezifische Entropie, Molare Entropie

$$S = \sum_{i=1}^{N} m_i \cdot s_i \tag{10.20}$$

$$s = \frac{S}{m} = \sum_{i=1}^{N} \xi_i \cdot s_i \tag{10.21}$$

$$S_m = \frac{S}{n} = \sum_{i=1}^{N} \psi_i \cdot S_{mi} \tag{10.22}$$

Die in Abschnitt 10.2 genannten Größen gelten für ideale Gase.

10.3 Temperatur eines Gasgemisches – geschlossenes, adiabates System

Die Temperatur eines Gasgemisches idealer Gase wird mithilfe des ersten Hauptsatzes gefunden:

$$U_2 - U_1 = Q_{12} + W_{12}$$

Da beim Mischungsvorgang weder Wärme noch Arbeit zu- oder abgeführt werden, ist $Q_{12} + W_{12} = 0$:

$$U_2 - U_1 = 0$$

$$U_2 - U_1 = \sum_{\mathrm{i}=1}^{\mathrm{N}} m_{\mathrm{i}} \left(u_{\mathrm{i}2} - u_{\mathrm{i}1}\right) = 0 \qquad (10.23)$$

Stellt man sich im Zustand 1 einen geschlossenen Behälter vor, der in abgetrennten Kammern unterschiedliche Gase mit

$$m_1 \neq m_2 \neq m_3 \text{ und } T_1 \neq T_2 \neq T_3$$

enthält, so werden sich nach Entfernung der beiden Trennwände im Zustand 2 die Gase vermischen und das gesamte zur Verfügung stehende Volumen V einnehmen; es wird sich nach einer gewissen Zeit die Mischungstemperatur T einstellen (Bild 10.1).

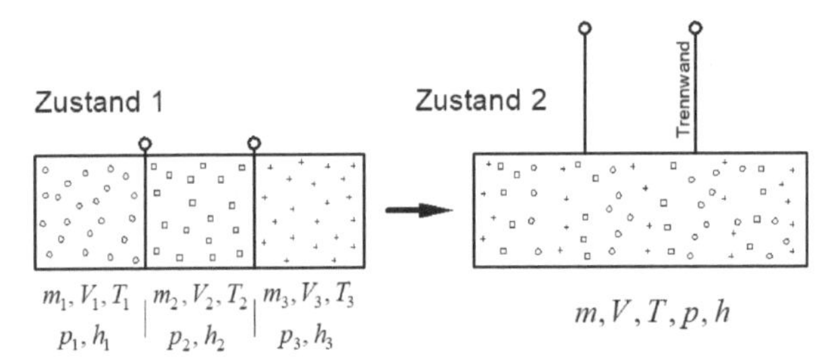

Bild 10.1 Mischungsvorgang – geschlossenes System, Zustände 1 und 2 (hier: N = 3)

Für N = 3 ergibt sich

$$U_2 - U_1 = m_1 \cdot \overline{c}_{\mathrm{v}1} \left(T - T_1\right) + m_2 \cdot \overline{c}_{\mathrm{v}2} \left(T - T_2\right) + m_3 \cdot \overline{c}_{\mathrm{v}3} \left(T - T_3\right) = 0$$

Durch Umstellung findet man die Mischungstemperatur des Gemisches

$$T = \frac{m_1 \cdot \overline{c}_{\mathrm{v}1} \cdot T_1 + m_2 \cdot \overline{c}_{\mathrm{v}2} \cdot T_2 + m_3 \cdot \overline{c}_{\mathrm{v}3} \cdot T_3}{m_1 \cdot \overline{c}_{\mathrm{v}1} + m_2 \cdot \overline{c}_{\mathrm{v}2} + m_3 \cdot \overline{c}_{\mathrm{v}3}}$$

Allgemein lässt sich für i = 1, …, N formulieren

$$T = \frac{\sum_{i=1}^{N} m_i \cdot T_i \cdot \bar{c}_{vi}}{\sum_{i=1}^{N} m_i \cdot \bar{c}_{vi}} \tag{10.24}$$

10.4 Gesetz von *Dalton*

Für den Druck eines Gasgemisches gilt das Gesetz von *Dalton*. Danach ist der Gesamtdruck die Summe der Teildrücke (Partialdrücke) des jeweiligen Gases.

Zum besseren Verständnis dieses Gesetzes soll folgende Erläuterung dienen: In einem geschlossenen Behälter mit dem Volumen V und dem Gesamtdruck p befindet sich feuchte Luft, also trockene Luft und gasförmiges Wasser (Wasserdampf). Stellt man sich vor, dass allein die trockene Luft im Behälter vorhanden wäre, würde sich deren Partialdruck p_L einstellen. Wenn sein Volumen allein von der Masse des Wasserdampfes ausgefüllt wäre, würde dessen Partialdruck p_W vorhanden sein. Der Gesamtdruck ergibt sich somit zu

$$p = p_L + p_W \tag{10.25}$$

Die Partialdrücke eines Gemisches lassen sich **nicht** durch eine Messung ermitteln, wohl aber der Gesamtdruck. Eine Berechnung des Partialdrucks der Komponente ist mit dem Gasgesetz möglich

$$p_i = \frac{m_i \cdot R_i \cdot T_i}{V} \tag{10.26}$$

10.5 Stationär-adiabater Mischungsprozess

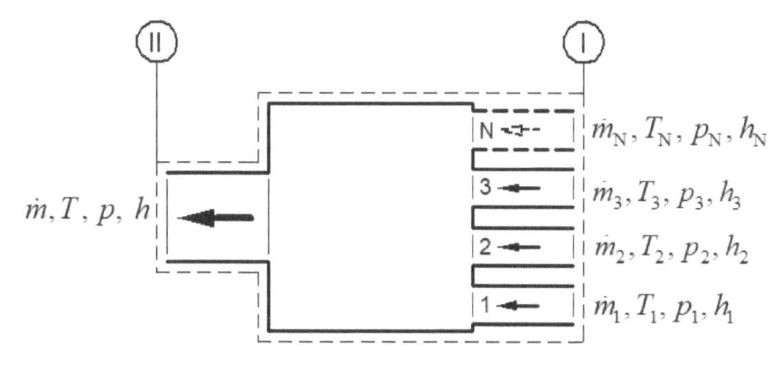

Bild 10.2 Mischkammer – Fließprozess

Der erste Hauptsatz bei der Vermischung für ein stationär-adiabat durchströmtes offenes System lautet (Bild 10.2)

$$\dot{Q}_{I,II} + P_{I,II} = \dot{H}_{II} - \dot{H}_{I}$$

Es werden weder Wärmestrom noch Leistung zu- oder abgeführt: $\dot{Q}_{I,II} + P_{I,II} = 0$

$$\dot{H}_{II} - \dot{H}_{I} = 0$$

$$\dot{H}_{I} = \dot{m} \cdot h_{I}$$

$$\dot{H}_{II} = \dot{m} \cdot h_{II} = \dot{m} \cdot h$$

Zwecks Schreibvereinfachung werden zunächst nur zwei eintretende Massenströme betrachtet: $\dot{m}_1$ und $\dot{m}_2$ ($\dot{m} = \dot{m}_1 + \dot{m}_2$).

$$0 = \dot{H}_{II} - \dot{H}_{I} = \dot{m} \cdot h - \left(\dot{m}_1 \cdot h_1 + \dot{m}_2 \cdot h_2\right)$$

$$0 = \left(\dot{m}_1 + \dot{m}_2\right) h - \dot{m}_1 \cdot h_1 - \dot{m}_2 \cdot h_2$$

$$0 = \dot{m}_1 \cdot h + \dot{m}_2 \cdot h - \dot{m}_1 \cdot h_1 - \dot{m}_2 \cdot h_2 = \dot{m}_1 \cdot h - \dot{m}_1 \cdot h_1 + \dot{m}_2 \cdot h - \dot{m}_2 \cdot h_2$$

$$0 = \dot{m}_1 \left(h - h_1\right) + \dot{m}_2 \left(h - h_2\right) = \dot{m}_1 \cdot \bar{c}_p\Big|_{T_1}^{T} \left(T_{II} - T_1\right) + \dot{m}_2 \cdot \bar{c}_p\Big|_{T_2}^{T} \left(T_{II} - T_2\right)$$

$$0 = \dot{m} \cdot \xi_1 \left(h - h_1\right) + \dot{m} \cdot \xi_2 \left(h - h_2\right) = \dot{m} \cdot \xi_1 \cdot \bar{c}_p\Big|_{T_1}^{T} \left(T_{II} - T_1\right) + \dot{m} \cdot \xi_2 \cdot \bar{c}_p\Big|_{T_2}^{T} \left(T_{II} - T_2\right)$$

$$0 = \xi_1 \left(h - h_1\right) + \xi_2 \left(h - h_2\right) = \xi_1 \cdot \bar{c}_p\Big|_{T_1}^{T} \left(T_{II} - T_1\right) + \xi_2 \cdot \bar{c}_p\Big|_{T_2}^{T} \left(T_{II} - T_2\right)$$

$$0 = \xi_1 \cdot \bar{c}_p\Big|_{T_1}^{T} \left(T_{II} - T_1\right) + \xi_2 \cdot \bar{c}_p\Big|_{T_2}^{T} \left(T_{II} - T_2\right)$$

Wird nach T_{II} aufgelöst, ergibt sich für zwei eintretende Massenströme die Mischungsendtemperatur zu

$$T_{II} = \frac{\xi_1 \cdot \bar{c}_p\Big|_{T_1}^{T} \cdot T_1 + \xi_2 \cdot T_2 \cdot \bar{c}_p\Big|_{T_2}^{T}}{\xi_1 \cdot \bar{c}_p\Big|_{T_1}^{T} + \xi_2 \cdot \bar{c}_p\Big|_{T_2}^{T}} \tag{10.27}$$

Wird Gl. 10.27 auf i = 1, …, N Massenströme am Eintritt (Bild 10.2) erweitert, ergibt sich für die Endtemperatur

$$T_{II} = \frac{\sum_{i=1}^{N} \xi_i \cdot \bar{c}_p\Big|_{T_i}^{T} \cdot T_i}{\sum_{i=1}^{N} \xi_i \cdot \bar{c}_p\Big|_{T_i}^{T}} \tag{10.28}$$

Der zweite Hauptsatz beim Mischungsvorgang, bei dem kein Wärmestrom zu- oder abgeführt wird, ergibt die Irreversibilität der Vermischung, den Entropieproduktionsstrom:

$$\dot{S}_{II} - \dot{S}_{I} = \dot{S}_{irrI,II}$$

mit $\dot{S}_{\dot{Q}I,II} = 0$

$$\dot{S}_{irrI,II} = \dot{S}_{II} - \dot{S}_{I} = \sum_{i=1}^{N} \dot{m}_i \left(s_{i,II} - s_{i,I}\right) \tag{10.29}$$

Für ideale Gas gilt

$$\dot{S}_{irrI,II} = \sum_{i=1}^{N} \dot{m}_i \left(\int_{I}^{II} \frac{c_{vi}}{T} \mathrm{d}T + R_i \cdot \ln \frac{\dot{V}_{i,II}}{\dot{V}_{i;I}} \right) \tag{10.30}$$

Mit $\dot{m}_i = \frac{p_{II} \cdot V_i}{T_i \cdot R_i}$, $p_{i,II} = \frac{\dot{m}_i \cdot R_i \cdot T}{\dot{V}}$ und $c_{pi} - c_{vi} = R_i$ wird daraus

$$\dot{S}_{irrI,II} = \sum_{i=1}^{N} \dot{m}_i \left(\int_{I}^{II} \frac{c_{pi}}{T} \mathrm{d}T - R_i \cdot \ln \frac{p_{i,II}}{p_{II}} \right) \tag{10.31}$$

11 Kreisprozesse

11.1 *Carnot*-Prozess

Der *Carnot*'sche Kreisprozess besteht aus zwei Isothermen und zwei Isentropen. Dieser reversible Prozess wandelt Wärme in Arbeit um. Mit keinem anderen Prozess kann ein höherer Wirkungsgrad erreicht werden; er wird deshalb zum Vergleich mit anderen Prozessen herangezogen. Im Einzelnen gibt es die vier folgenden Zustandsänderungen (Bild 11.1):

- Zustandsänderung 1 ⟶ 2: Verdichtung – isotherm
- Zustandsänderung 2 ⟶ 3: Verdichtung – isentrop
- Zustandsänderung 3 ⟶ 4: Expansion – isotherm
- Zustandsänderung 4 ⟶ 1: Expansion – isentrop

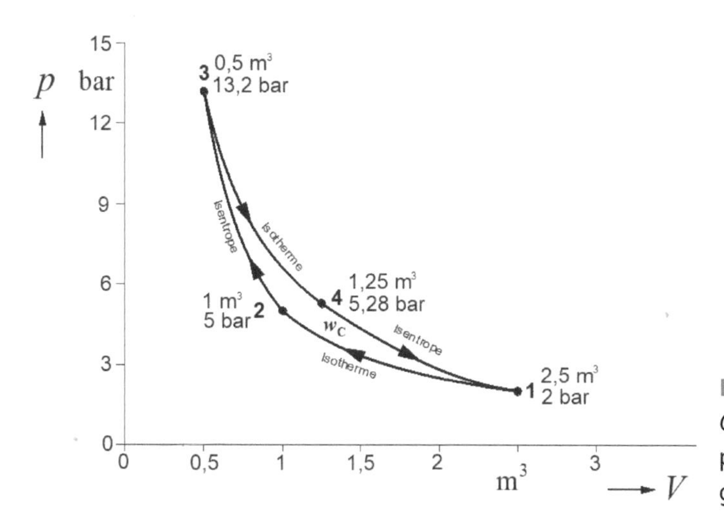

Bild 11.1
Carnot'scher Kreisprozess im *p*-*V*-Diagramm

In einem *T-s*-Diagramm verlaufen die Isothermen waagerecht und die Isentropen senkrecht.

Den nachfolgen Berechnungen liegen zugrunde
$p_1 = 2\ \text{bar}, V_1 = 2{,}5\ \text{m}^3, V_2 = 1\ \text{m}^3, V_3 = 0{,}5\ \text{m}^3, V_4 = 1{,}25\ \text{m}^3, \overline{\kappa} = 1{,}4, R = 287\ \frac{\text{J}}{\text{kg}\cdot\text{K}}$
Zustandsänderung 1 $\longrightarrow$ 2: Verdichtung – isotherm

$$T_1 = T_2 = T_{\text{KALT}} = 300\ \text{K}$$

$$p_2 = p_1 \frac{V_1}{V_2} = 2\ \text{bar} \frac{2{,}5\ \text{m}^3}{1\ \text{m}^3} = 5\ \text{bar}$$

$$w_{\text{V12}} = R \cdot T_{\text{KALT}} \cdot \ln \frac{p_2}{p_1} = 287\ \frac{\text{J}}{\text{kg}\cdot\text{K}} 300\ \text{K} \cdot \ln\left(\frac{5\ \text{bar}}{2\ \text{bar}}\right) = 78{,}89\ \frac{\text{kJ}}{\text{kg}} > 0$$

$$q_{12} = -w_{\text{V12}} = -78{,}89\ \frac{\text{kJ}}{\text{kg}} < 0$$

Zustandsänderung 2 $\longrightarrow$ 3: isentrop

$$T_2 = T_{\text{KALT}} = 300\ \text{K}$$

$$T_3 = T_{\text{WARM}} = T_2 \left(\frac{V_2}{V_3}\right)^{\overline{\kappa}-1} = 300\ \text{K} \left(\frac{1\ \text{m}^3}{0{,}5\ \text{m}^3}\right)^{1{,}4-1} = 395{,}85\ \text{K}$$

$$p_3 = p_2 \left(\frac{V_2}{V_3}\right)^{\kappa} = 5\ \text{bar} \left(\frac{1\ \text{m}^3}{0{,}5\ \text{m}^3}\right)^{1{,}4} = 13{,}2\ \text{bar}$$

$$w_{\text{V23}} = \frac{R}{\kappa - 1}\left(T_{\text{WARM}} - T_{\text{KALT}}\right) = \frac{287\ \frac{\text{J}}{\text{kg}\cdot\text{K}}}{1{,}4 - 1}\left(395{,}85\ \text{K} - 300\ \text{K}\right) = 68{,}77\ \frac{\text{kJ}}{\text{kg}} > 0$$

$$q_{23} = 0$$

Alle in diesem Abschnitt verwendeten Gleichungen sind zu finden in Tabelle 4.1 und Tabelle 4.2.

Zustandsänderung 3 $\longrightarrow$ 4: Expansion – isotherm

$$T_3 = T_4 = T_{\text{WARM}} = 395{,}85\ \text{K}$$

$$p_4 = p_3 \frac{V_3}{V_4} = 13{,}2\ \text{bar} \frac{0{,}5\ \text{m}^3}{1{,}25\ \text{m}^3} = 5{,}28\ \text{bar}$$

$$w_{V34} = R \cdot T_{WARM} \cdot \ln(p_4/p_3) = 287\,\frac{J}{kg \cdot K} 395,85\,K \cdot \ln\left(\frac{5,28\,bar}{13,2\,bar}\right) = -104,1\,\frac{kJ}{kg} < 0$$

$$q_{34} = 104,1\,\frac{kJ}{kg} > 0$$

Zustandsänderung $4 \longrightarrow 1$: isentrop

$$T_4 = T_{WARM} = 395,85\,K$$

$$T_1 = T_{KALT} = 300\,K$$

$$p_1 = p_4 \left(\frac{V_4}{V_1}\right)^{\kappa} = 5,28\,bar \left(\frac{1,25\,m^3}{2,5\,m^3}\right)^{1,4} = 2\,bar$$

$$w_{V41} = \frac{R}{\kappa - 1}(T_{KALT} - T_{WARM}) = \frac{287\,\frac{J}{kg \cdot K}}{1,4-1}(300\,K - 395,85\,K) = -68,77\,\frac{kJ}{kg} < 0$$

$$q_{41} = 0$$

Die beim *Carnot*-Prozess verrichtete Arbeit ist

$$w_C = w_{V12} + w_{V23} + w_{V34} + w_{V41}$$

Die Addition der für die einzelnen Arbeiten verwendeten Gleichungen führt zu

$$w_C = R\,(T_{WARM} - T_{KALT}) \ln \frac{V_3}{V_4} < 0$$

$$w_C = 287\,\frac{J}{kg \cdot K}(395,85\,K - 300\,K) \ln \frac{0,5\,m^3}{1,25\,m^3} = -25,2\,\frac{J}{kg}$$

Die Fläche zwischen den Zustandskurven ist ein Maß für die verrichtete Arbeit: $w_C < 0$ (Bild 11.1).

Die beim *Carnot*-Prozess genutzte Wärme (Nutzwärme) ist

$$q_C = q_{34} + q_{12} = -w_C > 0 \tag{11.1}$$

$$q_C = 104,1\,\frac{kJ}{kg} - 78,89\,\frac{kJ}{kg} = 25,2\,\frac{kJ}{kg}$$

Der thermische Wirkungsgrad beim *Carnot*-Prozess ist

$$\eta_{th} = \eta_C = \frac{q_C}{q_{34}} = \frac{-w_C}{q_{34}} \tag{11.2}$$

Einsetzen der für q_C und q_{34} verwendeten Gleichungen ergibt

$$\eta_{th} = \eta_C = 1 - \frac{T_{KALT}}{T_{WARM}} \tag{11.3}$$

Für das hier vorgestellte Zahlenbeispiel ergibt sich

$$\eta_{th} = \eta_C = 1 - \frac{300\,K}{395,85\,K} = 0,242$$

11.2 *Otto*-Prozess

Bild 11.2 zeigt das auf einem Prüfstand bei laufendem Motor durch Messung des Gasdrucks im Zylinder aufgenommene *p*-*V*-Diagramm (Indikatordiagramm). Die Kurbelwelle des Motors macht dabei zwei Umdrehungen. Da die Takte 1, 2, 3 und 4 durchlaufen werden, spricht man von einem Viertakt-Motor.

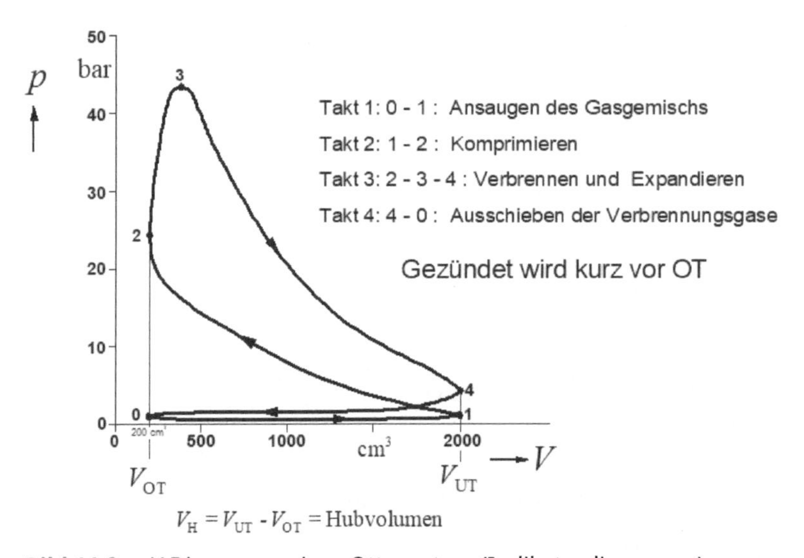

Bild 11.2 *p*-*V*-Diagramm eines Ottomotors (Indikatordiagramm)

Die Nutzarbeit des realen Kreisprozesses berechnet sich aus der vom Arbeitsmittel abgegebenen Arbeit abzüglich der beim Ladungswechsel aufgewendeten Arbeit.

Das Verdichtungsverhältnis ergibt sich, wenn das Gesamtvolumen des Zylinderraums ins Verhältnis zum Volumen des Verdichtungsraums gesetzt wird

$$\varepsilon = \frac{V_{UT}}{V_{OT}} = \frac{V_H + V_{OT}}{V_{OT}} \tag{11.4}$$

Beim *Otto*-Vergleichsprozess wird das Optimum berechnet, das im Idealfall (theoretisch) erreicht werden kann. Der Vergleich mit dem realen Otto-Prozess ergibt den Gütegrad ν, der sich aus dem Quotient des thermischen Wirkungsgrades des realen und des idealen Motors berechnet

$$\nu = \frac{\eta_{\mathrm{th,real}}}{\eta_{\mathrm{th,ideal}}} \tag{11.5}$$

Das p-V-Diagramm des *Otto*-Vergleichsprozesses besteht aus zwei Isentropen und zwei Isochoren: $1^* \longrightarrow 2^*$ isentrope Verdichtung, $2^* \longrightarrow 3^*$ isochore Wärme**zu**fuhr, $3^* \longrightarrow 4^*$ isentrope Expansion, $4^* \longrightarrow 1^*$ isochore Wärme**ab**fuhr.

Beim *Otto*-Vergleichsprozess werden die Zustandspunkte und alle Größen mit * gekennzeichnet Das Gleiche gilt auch für den *Diesel*-Vergleichsprozess (Ausnahme: ε, $\overline{\kappa}$).

Für den *Otto*-Vergleichsprozess wird für jede Zustandsänderung der erste Hauptsatz formuliert:

Isentrope: $u_2^* - u_1^* = q_{12}^* + w_{V12}^* + j_{12}^* \quad (q_{12}^* = 0, \quad j_{12}^* = 0)$

Isochore: $u_3^* - u_2^* = q_{23}^* + w_{V23}^* + j_{23}^* \quad (w_{V23}^* = 0, \ j_{23}^* = 0)$

Isentrope: $u_4^* - u_3^* = q_{34}^* + w_{V34}^* + j_3^* \quad (q_{34}^* = 0, \quad j_{34}^* = 0)$

Isochore: $u_1^* - u_4^* = q_{41}^* + w_{V41}^* + j_{41}^* \quad (w_{V41}^* = 0, \ j_{41}^* = 0)$

Die Addition der Gleichungen ergibt

$$0 = w_{V12}^* + q_{23}^* + w_{V34}^* + q_{41}^*$$

$$w_{\mathrm{VNutz}}^* = w_{V12}^* + w_{V34}^*$$

$$-w_{\mathrm{VNutz}}^* = q_{23}^* + q_{41}^*$$

Die Nutzarbeit des *Otto*-Vergleichsprozesses lässt sich somit durch die zu- und abgeführten Wärmen ausdrücken

$$-w_{\mathrm{VNutz}}^* = q_{23}^* + q_{41}^* = q_{\mathrm{zu}}^* + q_{\mathrm{ab}}^* = q_{\mathrm{zu}}^* - \left|q_{\mathrm{ab}}^*\right| \tag{11.6}$$

Mit den Gleichungen

$$q_{23}^* = \overline{c}_{\mathrm{v}}^* \left(T_3^* - T_2^*\right)$$

$$q_{41}^* = \overline{c}_{\mathrm{v}}^* \left(T_1^* - T_4^*\right)$$

$$T_2^* = T_1^* \cdot \varepsilon^{\overline{\kappa}-1}$$

$$T_4^* = T_3^* \frac{1}{\varepsilon^{\overline{\kappa}-1}}$$

erhält man für die Nutzarbeit des *Otto*-Vergleichsprozesses

$$-w^*_{\text{VNutz}} = \overline{c}^*_{\text{v}}\left(T^*_3 - T^*_2\right) + \overline{c}_{\text{v}}\left(T^*_1 - T^*_4\right) = \overline{c}^*_{\text{v}}\left(T^*_1 - T^*_2 + T^*_3 - T^*_4\right)$$

$$-w^*_{\text{VNutz}} = \overline{c}^*_{\text{v}}\left(T^*_1 - T^*_1 \cdot \varepsilon^{\kappa-1} + T^*_3 - T^*_3 \frac{1}{\varepsilon^{\overline{\kappa}-1}}\right) = \overline{c}^*_{\text{v}} \cdot T^*_1\left(1 - \varepsilon^{\kappa-1} + \frac{T^*_3}{T^*_1} - \frac{T^*_3}{T^*_1}\frac{1}{\varepsilon^{\overline{\kappa}-1}}\right)$$

$$-w^*_{\text{VNutz}} = \overline{c}^*_{\text{v}} \cdot T^*_1\left[-\varepsilon^{\kappa-1}\left(1 - \frac{1}{\varepsilon^{\overline{\kappa}-1}}\right) + \frac{T^*_3}{T^*_1}\left(1 - \frac{1}{\varepsilon^{\overline{\kappa}-1}}\right)\right]$$

$$w^*_{\text{VNutz}} = -\left[\overline{c}^*_{\text{v}} \cdot T^*_1\left(1 - \frac{1}{\varepsilon^{\overline{\kappa}-1}}\right)\left(\frac{T^*_3}{T^*_1} - \varepsilon^{\overline{\kappa}-1}\right)\right] \tag{11.7}$$

Die Nutzarbeit ist die vom System abgegebene Arbeit: $w^*_{\text{VNutz}} < 0$.

Der thermische Wirkungsgrad des *Otto*-Vergleichsprozesses ergibt sich zu

$$\eta^*_{\text{th,ideal}} = \frac{q^*_{\text{zu}} - \left|q^*_{\text{ab}}\right|}{q^*_{\text{zu}}} = 1 - \frac{\left|q^*_{\text{ab}}\right|}{q^*_{\text{zu}}} = 1 - \frac{\overline{c}^*_{\text{v}}\left(T^*_4 - T^*_1\right)}{\overline{c}^*_{\text{v}}\left(T^*_3 - T^*_2\right)} = 1 - \frac{T^*_4 - T^*_1}{T^*_3 - T^*_2} = 1 - \frac{1}{\varepsilon^{\overline{\kappa}-1}} \tag{11.8}$$

11.3 *Diesel*-Prozess

Das *p*-*V*-Diagramm des realen *Diesel*-Prozesses wird – wie beim *Otto*-Prozess – durch Messung des Drucks im Zylinder aufgenommen. Der Diesel-Prozess hat ebenfalls vier Takte. Am Ende des Verdichtungsvorgangs erreicht die Luft sehr hohe Temperaturen und Drücke: Über eine Düse wird Kraftstoff eingespritzt, der fein zerstäubt und mit der Luft ein zündfähiges (selbstzündendes) Gemisch ergibt. Die sich anschließende Verbrennung erfolgt bei nahezu konstantem Druck (Gleichdruckprozess). Danach kommt es zur Expansion (Arbeitstakt), dem das Ausschieben des Abgases und das Ansaugen der Frischluft folgen. Der Diesel-Motor hat eine sehr viel höhere Verdichtung als der Otto-Motor, die zu hohen Temperaturen und Drücken führt.

Das *p*-*V*-Diagramm des *Diesel*-Vergleichsprozesses besteht aus zwei Isentropen, einer Isobaren und einer Isochoren: 1* ⟶ 2* isentrope Verdichtung, 2* ⟶ 3* isobare Wärme**zu**fuhr, 3* ⟶ 4* isentrope Expansion, 4* ⟶ 1* isochore Wärme**ab**fuhr (Bild 11.3).

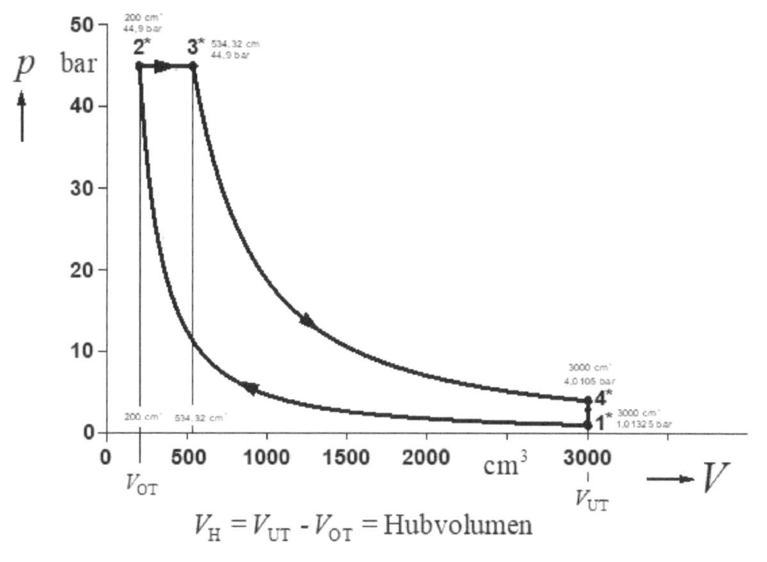

Bild 11.3 *p*-*V*-Diagramm des *Diesel*-Vergleichsprozesses

Auch beim *Diesel*-Vergleichsprozess ergibt sich wie beim *Otto*-Vergleichsprozess für die Nutzarbeit

$$-w^*_{\text{VNutz}} = q^*_{23} + q^*_{41} = q^*_{\text{zu}} + q^*_{\text{ab}} = q^*_{\text{zu}} - \left|q^*_{\text{ab}}\right| \tag{11.9}$$

Mit den Gleichungen

$$q^*_{23} = \overline{c}^*_{\text{v}}\left(T^*_3 - T^*_2\right),\quad q^*_{41} = \overline{c}^*_{\text{v}}\left(T^*_1 - T^*_4\right),\quad \text{Isentrope: } T^*_2 = T^*_1\left(\frac{V_{\text{UT}}}{V_{\text{OT}}}\right)^{\overline{\kappa}-1} = T^*_1 \cdot \varepsilon^{\overline{\kappa}-1}$$

$$\varphi = \frac{V^*_3}{V^*_2} = \frac{V^*_3}{V_{\text{OT}}},\quad T^*_1 = 288\,\text{K},\quad \text{Isobare: } T^*_3 = T^*_2\frac{V^*_3}{V_{\text{OT}}} = T^*_1 \cdot \varepsilon^{\overline{\kappa}-1} \cdot \varphi$$

$$\text{Isentrope: } T^*_4 = T^*_3\left(\frac{V^*_3}{V_{\text{UT}}}\right)^{\overline{\kappa}-1} = T^*_3\left(\frac{V^*_3}{V_{\text{OT}}}\frac{V_{\text{OT}}}{V_{\text{UT}}}\right)^{\overline{\kappa}-1} = T^*_1 \cdot \varepsilon^{\kappa-1} \cdot \varphi\left(\varphi\frac{1}{\varepsilon}\right)^{\overline{\kappa}-1} = T^*_1 \cdot \varphi^{\kappa}$$

erhält man für die Nutzarbeit des *Diesel*-Vergleichsprozesses

$$w^*_{\text{VNutz}} = -\overline{c}^*_{\text{v}} \cdot T^*_1\left[(\varphi - 1)\,\kappa \cdot \varepsilon^{\overline{\kappa}-1} - \left(\varphi^{\overline{\kappa}} - 1\right)\right] \tag{11.10}$$

Der thermische Wirkungsgrad des *Diesel*-Vergleichsprozesses ergibt sich zu

$$\eta^*_{\text{th,ideal}} = 1 - \frac{\left|q^*_{\text{ab}}\right|}{q^*_{\text{zu}}} = 1 - \frac{\overline{c}^*_{\text{p}}\left(T^*_4 - T^*_1\right)}{\overline{c}^*_{\text{v}}\left(T^*_3 - T^*_2\right)} = 1 - \overline{\kappa}\frac{T^*_4 - T^*_1}{T^*_3 - T^*_2}$$

Mit den obigen Gleichungen für die Temperaturen T^*_2, T^*_3 und T^*_4 gilt

$$\eta^*_{\text{th,ideal}} = 1 - \frac{\varphi^{\overline{\kappa}} - 1}{\varphi - 1}\frac{1}{\varepsilon^{\overline{\kappa}-1} \cdot \kappa} \tag{11.11}$$

11.4 Dampfturbinen-Prozess

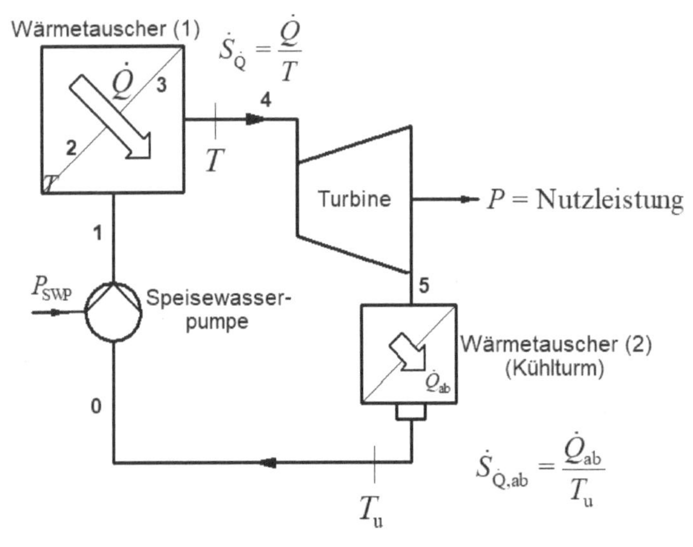

Bild 11.4 Wärmekraftanlage – Dampfturbinen-Prozess

Mit Bild 11.4 wird das Schema des Dampfturbinen-Prozesses veranschaulicht. Die Komponenten sind im Einzelnen:

Wärmetauscher (1): Hier wird der nach unterschiedlichen Verfahren (Verbrennung, Solar, Kernkraft) erzeugte Wärmestrom an das Arbeitsfluid des geschlossenen thermodynamischen Systems übertragen. Das führt dazu, dass aus flüssigem Wasser Wasserdampf (gasförmiges Wasser) entsteht.

Turbine: In der Turbine expandiert der Wasserdampf unter Abgabe mechanischer Leistung, die zum Antrieb eines Generators (Stromerzeugung) genutzt wird.

Wärmetauscher (2): Hier wird der Wärmestrom übertragen, der wegen Erfüllung des zweiten Hauptsatzes abgeführt werden muss (Abwärmestrom). Am Austritt aus dem Wärmetauscher liegt wieder Wasser in flüssiger Form vor.

Speisewasserpumpe: Diese hat die Aufgabe, das Arbeitsfluid (flüssiges Wasser) auf den Turbineneintrittsdruck zu erhöhen. Im Wärmetauscher (1) entsteht dann durch Wärmezufuhr daraus Dampf (gasförmiges Wasser).

Wird die dem geschlossenen System über die Speisewasserpumpe zugeführte Leistung P_{SWP} berücksichtigt, ergibt sich nach dem ersten Hauptsatz

$$\frac{dU}{d\tau} = \dot{Q} + \dot{Q}_{ab} + P + P_{SWP} = 0$$

$$\Rightarrow \quad -P = \dot{Q} + \dot{Q}_{ab} + P_{SWP}$$

$$\Rightarrow \quad -P = \dot{Q} - \left|\dot{Q}_0\right| + P_{SWP}$$

Daraus folgt für den Wirkungsgrad der Wärmekraftmaschine

$$\eta_{th} = \frac{-P}{\dot{Q} + P_{SWP}} = \frac{\dot{Q} - |\dot{Q}_{ab}| + P_{SWP}}{\dot{Q} + P_{SWP}} = \frac{\dot{Q} + P_{SWP} - |\dot{Q}_{ab}|}{\dot{Q} + P_{SWP}}$$

$$\eta_{th} = \frac{\dot{Q} + P_{SWP}}{\dot{Q} + P_{SWP}} - \frac{|\dot{Q}_{ab}|}{\dot{Q} + P_{SWP}} = 1 - \frac{|\dot{Q}_{ab}|}{\dot{Q} + P_{SWP}}$$

Der zweite Hauptsatz in Form der Entropiebilanzgleichung

$$\frac{dS}{d\tau} = \frac{\dot{Q}}{T} + \frac{\dot{Q}_{ab}}{T_u} + \dot{S}_{irr} = 0$$

liefert als Abwärmestrom

$$\frac{\dot{Q}_{ab}}{T_u} = -\frac{\dot{Q}}{T} - \dot{S}_{irr} = -\left(\frac{\dot{Q}}{T} + \dot{S}_{irr}\right) \qquad \Rightarrow \qquad \dot{Q}_{ab} = -T_{ab}\left(\frac{\dot{Q}}{T} + \dot{S}_{irr}\right)$$

Eingesetzt in den 1. Hauptsatz $-P = \dot{Q} + \dot{Q}_{ab} + P_{SWP}$ (s. o.) ergibt sich

$$-P = \dot{Q} - T_{ab}\left(\frac{\dot{Q}}{T} + \dot{S}_{irr}\right) + P_{SWP} = \dot{Q} - T_{ab}\frac{\dot{Q}}{T} - T_u \cdot \dot{S}_{irr} + P_{SWP}$$

$$-P = \dot{Q}\left(1 - \frac{T_u}{T}\right) - T_u \cdot \dot{S}_{irr} + P_{SWP}$$

Der thermische Wirkungsgrad wird damit

$$\eta_{th} = \frac{-P}{\dot{Q} + P_{SWP}} = \frac{\dot{Q}\left(1 - \frac{T_u}{T}\right) - T_u \cdot \dot{S}_{irr} + P_{SWP}}{\dot{Q} + P_{SWP}} = \frac{\dot{Q} - \dot{Q}\frac{T_u}{T} - T_u \cdot \dot{S}_{irr} + P_{SWP}}{\dot{Q} + P_{SWP}}$$

$$\eta_{th} = \frac{\dot{Q} + P_{SWP} - \dot{Q}\frac{T_u}{T} - T_u \cdot \dot{S}_{irr}}{\dot{Q} + P_{SWP}} = \frac{\dot{Q} + P_{SWP}}{\dot{Q} + P_{SWP}} - \frac{\dot{Q}\frac{T_u}{T} + T_u \cdot \dot{S}_{irr}}{\dot{Q} + P_{SWP}}$$

$$\eta_{th} = 1 - \frac{\dot{Q}\frac{T_u}{T} + T_u \cdot \dot{S}_{irr}}{\dot{Q} + P_{SWP}}$$

Unter der Annahme $P_{SWP} = 0$ ergibt sich

$$\eta_{th} = 1 - \frac{\dot{Q}\frac{T_u}{T} + T_u \cdot \dot{S}_{irr}}{\dot{Q}}$$

$$\eta_{th} = 1 - \frac{T_u}{T} - \frac{T_u \cdot \dot{S}_{irr}}{\dot{Q}}$$

Das *p*-*v*-Diagramm des Dampfturbinen-Prozesses (*Clausius-Rankine*-Prozess) zeigt die Zustandsänderungen des Arbeitsfluides (Bild 11.5).

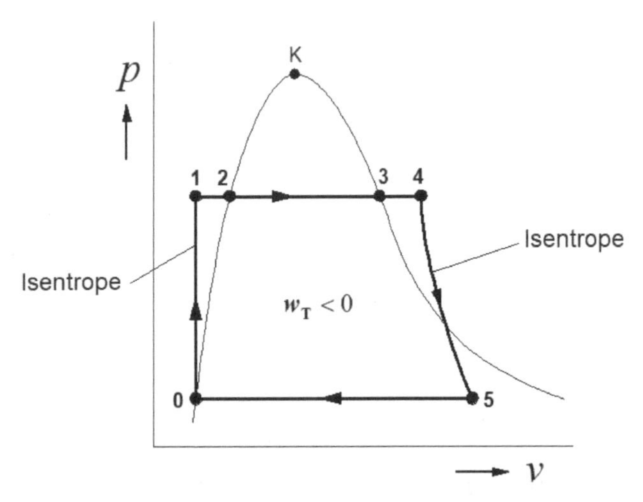

Bild 11.5 *Clausius-Rankine*-Prozess im *p*-*v*-Diagramm

Weitere Kreisprozesse, die hier nicht behandelt werden, sind: *Seiliger*-Prozess, *Ericson*-Prozess und *Joule*-Prozess.

12 Wärmeübertragung

12.1 Wärmeübertragung – ruhende Fluide

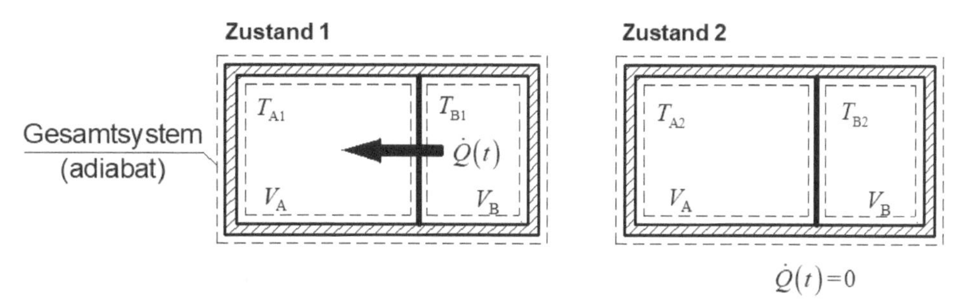

Bild 12.1 Wärmeübertragung – ruhende Fluide A und B

Das Gesamtsystem ist adiabat (Bild 12.1). In der linken Kammer befindet sich Gas mit der Temperatur T_{A1}; in der rechten Kammer Gas mit der Temperatur T_{B1} (Zustand 1: $T_{B1} > T_{A1}$). Die diatherme Wand erlaubt es, dass ein Wärmestrom solange von der linken zur rechten Kammer strömt, bis in beiden Kammern thermisches Gleichgewicht vorliegt (Zustand 2: $T_{A2} = T_{B2}$).

Der Wärmestrom $\dot{Q}\,(t)$ tritt aus der rechten Kammer aus und in die linke Kammer ein $\dot{Q}_B\,(t) > 0$. Es ist

$$\dot{Q}\,(t) = \dot{Q}_A\,(t) = -\dot{Q}_B\,(t) \tag{12.1}$$

Für das Gesamtsystem gilt

$$\frac{dS}{dt} = \dot{S}_{\dot{Q}}\,(t) + \dot{S}_{irr}\,(t) \tag{12.2}$$

Da es sich um ein adiabates Gesamtsystem handelt, gilt $\dot{S}_{\dot{Q}}(t) = 0$. Also

$$\frac{\mathrm{d}S}{\mathrm{d}t} = \dot{S}_{\mathrm{irr}}(t) \geq 0$$

Die Systeme A und B werden als Phasen behandelt; sie durchlaufen einen innerlich reversiblen Prozess. Somit

$$\frac{\mathrm{d}S_{\mathrm{A}}}{\mathrm{d}t} = \dot{S}_{\dot{Q}\mathrm{A}}(t) = \frac{\dot{Q}_{\mathrm{A}}}{T_{\mathrm{A}}} = \frac{\dot{Q}}{T_{\mathrm{A}}} > 0$$

und

$$\frac{\mathrm{d}S_{\mathrm{B}}}{\mathrm{d}t} = \dot{S}_{\dot{Q}\mathrm{B}}(t) = \frac{\dot{Q}_{\mathrm{B}}}{T_{\mathrm{B}}} = -\frac{\dot{Q}}{T_{\mathrm{B}}} > 0$$

Die Entropieänderung des Gesamtsystems (adiabat) wird

$$\dot{S}_{\mathrm{irr}}(t) = \frac{\mathrm{d}S}{\mathrm{d}t} = \frac{\mathrm{d}S_{\mathrm{A}}}{\mathrm{d}t} + \frac{\mathrm{d}S_{\mathrm{B}}}{\mathrm{d}t} = \frac{\dot{Q}}{T_{\mathrm{A}}} - \frac{\dot{Q}}{T_{\mathrm{B}}} = \frac{T_{\mathrm{B}} - T_{\mathrm{A}}}{T_{\mathrm{A}} \cdot T_{\mathrm{B}}}\dot{Q} \geq 0 \qquad (12.3)$$

Erst wenn $\mathrm{d}S/\mathrm{d}t = 0$ ist, gibt es keine Entropieproduktion mehr: $\dot{S}_{\mathrm{irr}}(t) = 0$. Die Temperaturen betragen im Zustand 2, wenn kein Wärmestrom mehr übertragen wird (Bild 12.1): $T_{\mathrm{A2}} = T_{\mathrm{B2}}$.

Damit ist klar, dass hier ein irreversibler Prozess vorliegt.

12.2 Wärmeübertragung – strömende Fluide

Bei dieser Art der Wärmeübertragung strömen die Fluide A und B entlang einer diathermen Wand mit unterschiedlichen Temperaturen (Bild 12.2).

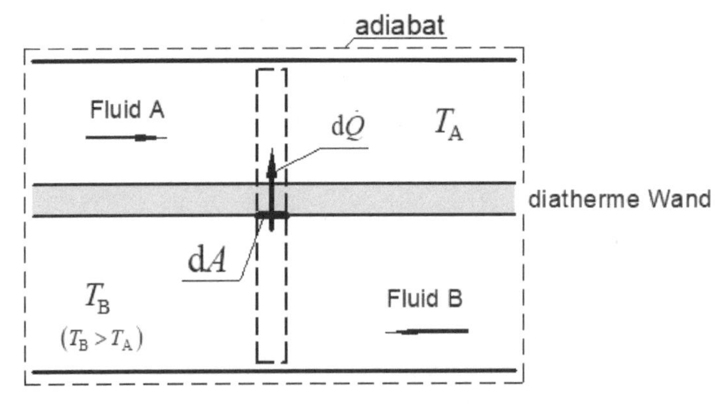

Bild 12.2 Wärmeübertragung – strömende Fluide A und B

Es wird der Wärmestrom $\mathrm{d}\dot{Q}$ vom Fluid B auf das Fluid A übertragen. Dies geschieht über die Fläche d*A*. Man setzt

$$\mathrm{d}\dot{Q} = k \cdot \mathrm{d}A\,(T_\mathrm{B} - T_\mathrm{A}) \tag{12.4}$$

mit k = Wärmedurchgangskoeffizient.

Der hierbei durch die Wärmeübertragung hervorgerufene Entropieproduktionsstrom ist

$$\mathrm{d}\dot{S}_\mathrm{irr} = \frac{T_\mathrm{B} - T_\mathrm{A}}{T_\mathrm{A} \cdot T_\mathrm{B}}\mathrm{d}\dot{Q} \tag{12.5}$$

Gl. 12.5 ergibt sich in Analogie zu Gl. 12.3.

Führt man Gl. 12.4 in Gl. 12.5 ein, ergibt sich

$$\mathrm{d}\dot{S}_\mathrm{irr} = k \cdot \mathrm{d}A\frac{(T_\mathrm{B} - T_\mathrm{A})^2}{T_\mathrm{A} \cdot T_\mathrm{B}} \tag{12.6}$$

Zur Berechnung des Entropieproduktionsstroms $\dot{S}_\mathrm{irr}$ ist Gl. 12.6 über alle Flächenelemente d*A* zu integrieren. Der damit verbundene Aufwand kann umgangen werden, wenn auf die Berechnung der Entropiebilanz für stationär durchströmte Wärmeübertrager nach *Baehr, H. D.* zurückgegriffen wird.

13 Kühlen und Heizen

13.1 Aufgaben

Beim Kühlen wird dem System Wärmeenergie entnommen, damit dessen Temperatur konstant bleibt oder kleiner wird (z. B. Klimaanlage, Kühlschrank). Beim Heizen wird einem System Energie als Wärme zugeführt, um zu erreichen, dass dessen Temperatur konstant gehalten oder erhöht wird (z. B. Wohnraumheizung, Wärmepumpe).

13.2 Kühlen

13.2.1 Klimaanlage

Nimmt man als Beispiel eine Klimaanlage, mit der die warme Luft eines Raumes im Sommer auf erträgliche Temperaturen abgekühlt werden soll. Es gibt ein Innengerät und ein Außengerät. Das Innengerät saugt die warme Raumluft an und gibt kühle Luft in den Raum zurück. Im Innengerät befindet sich der Verdampfer. Das Außengerät ist an einer Außenwand am Wohngebäude angebracht ist. Darin befindet sich der Verflüssiger (Bild 13.1).

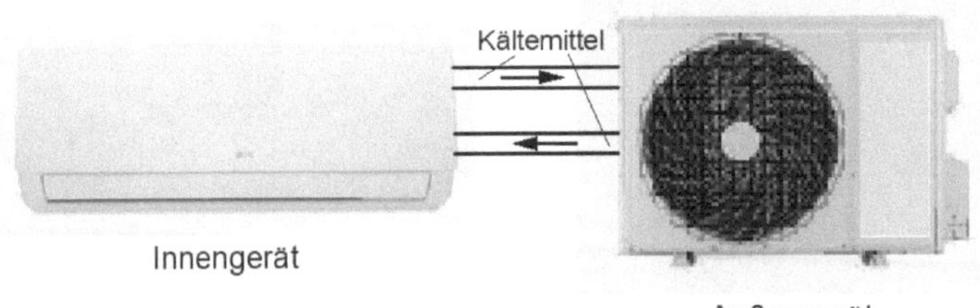

Bild 13.1 Außen- und Innengerät einer Klimaanlage zu Kühlung eines Wohnraums

Thermodynamisch lassen sich die in den Geräten ablaufenden Vorgänge anschaulich in einem log p-h-Diagramm darstellen (Bild 13.2). Bei diesem Diagramm wird über der Enthalpie h der Druck p logarithmisch aufgetragen: Die Skalen-Abstände werden nach oben hin aus Gründen der Übersichtlichkeit kleiner.

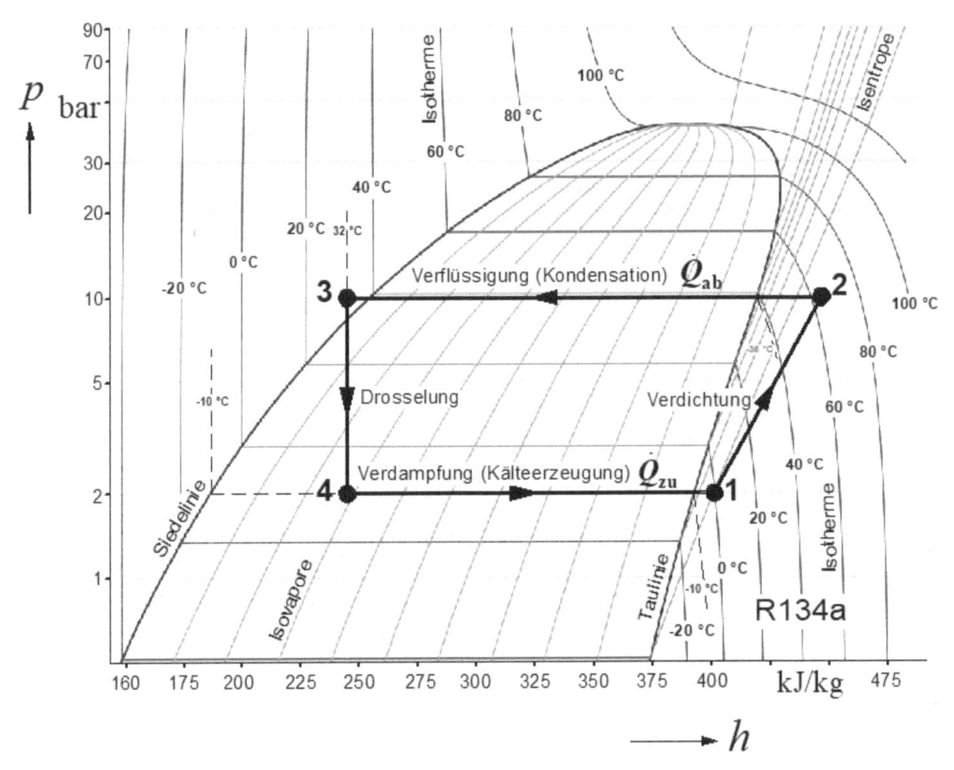

Bild 13.2 log p-h-Diagramm für das Kältemittel R134a – Zustandsänderungen, Firma TLK Energy

Um die Zustandsäderungen des Kältemittels, das ein geschlossenes thermodynamisches System darstellt, besser nachvollziehen zu können, werden im Diagramm die Zustandspunkte mit Ziffern versehen.

1 ⟶ 2: Verdichtung des gasförmigen Kältemittels vom Punkt 1 zum Punkt 2.

2 ⟶ 3: Abkühlung des Kältemittels, ausgehend vom Punkt 2 bis zur Taulinie; danach wird das Kältemittel im Verflüssiger (Kondensator) vom gasförmigen in den flüssigen Zustand überführt bis zum Punkt 3. Wärmeenergie wird abgeführt.

3 ⟶ 4: Im Drosselventil (Expansionsventil) wird das flüssige Kältemittel vom Punkt 3 bis zum Punkt 4 in das Nassdampfgebiet hinein entspannt.

4 ⟶ 1: Im Verdampfer geht das im Punkt 4 als Nassdampf vorliegende Kältemittel durch Zufuhr von Wärmeenergie in den dampfförmigen Zustand bis zur Taulinie über. Danach ergibt sich nach weiterer (geringfügiger) Wärmeaufnahme der Zustandspunkt 1.

Das Schema einer Klimaanlage ist in Bild 13.3 dargestellt. Hier sind Druck- und Temperaturwerte an den Stellen 1, 2, 3 und 4 eingetragen.

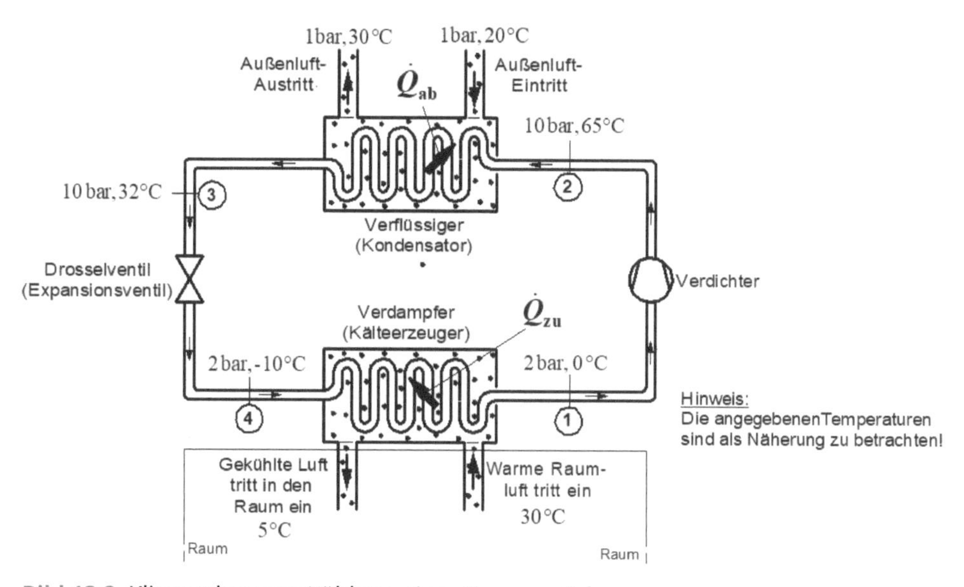

Bild 13.3 Klimaanlage zur Kühlung eines Raums – Schema

Der COP-Wert der Klimaanlage (Coefficient of Performance) gibt das Verhältnis der Verdampfer-Kälteleistung zu der Verdichter-Leistung an

$$COP = \frac{\dot{Q}_{41}}{P_V} = \frac{\dot{m}\,(h_1 - h_4)}{\dot{m}\,(h_2 - h_1)} = \frac{h_1 - h_4}{h_2 - h_1} \tag{13.1}$$

Für das Beispiel in Bild 13.2 und Bild 13.3 gilt $COP \approx 2{,}5$.

13.2.2 Kühlschrank

Ein weiteres Beispiel zur Kühlung ist der allseits bekannte Kühlschrank (Bild 13.4).

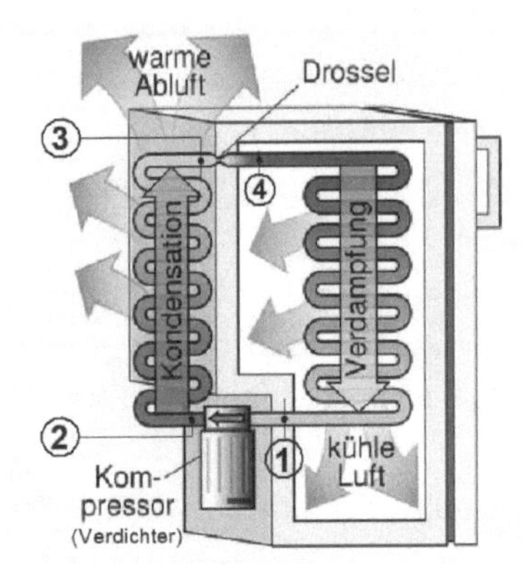

Bild 13.4
Kühlschrank mit Kreislauf des Kältemittels – Prinzip, Firma SERVIT

Das Prinzip ist das Gleiche wie bei einer Klimaanlage. Es handelt sich wiederum um ein geschlossenes thermodynamisches System. Die Drücke und Temperaturen sind allerdings verschieden. Der Kompressor verdichtet das gasförmige Kältemittel von $\approx 1\,\text{bar}$ auf $\approx 8\,\text{bar}$ ($1 \longrightarrow 2$), das dabei eine Temperatur annimmt, die größer als die Raumtemperatur ist. Das Kältemittel gibt jetzt im Kondensator ($2 \longrightarrow 3$), der an der hinteren Seite des Kühlschranks angebracht ist, Wärme an die Raumluft ab (Abwärme). Die nun folgende Drossel ($3 \longrightarrow 4$) reduziert den Druck und die Temperatur, die so niedrig ist, dass die Lebensmittel im Kühlschrank gekühlt werden, weil die im Innern verlegten Rohrschlangen des Verdampfers von dem Kühlgut Wärme aufnehmen ($4 \longrightarrow 1$).

Das log p-h-Diagramm für das im Kühlschrank häufig verwendete Kältemittel R290 zeigt Bild 13.5.

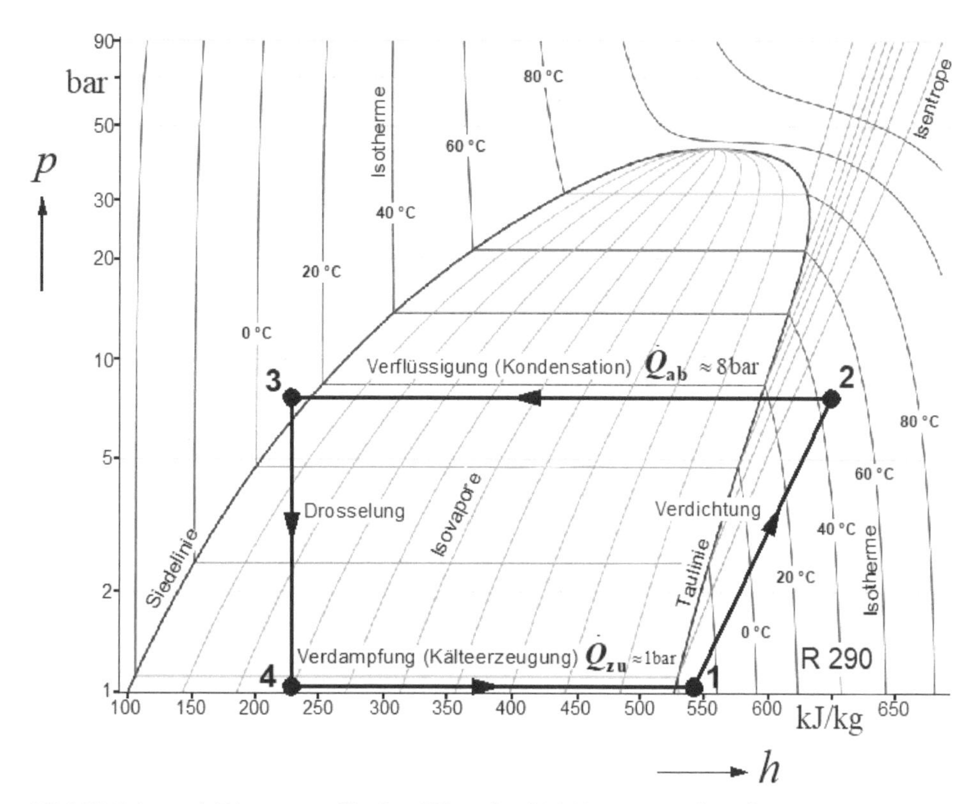

Bild 13.5 log *p*-*h*-Diagramm für das Kältemittel R290 – Zustandsänderungen, Firma TLK Energy

13.3 Heizen

13.3.1 Wärmepumpe

Die Wärmepumpe arbeitet prinzipiell wie ein Kühlschrank. Hier die Zustandsänderungen (Bild 13.6):

1 ⟶ 2: Verdichtung des gasförmigen Kältemittels.

2 ⟶ 3: Im Verflüssiger (Kondensator) wird das Kältemittel vom gasförmigen in den flüssigen Zustand überführt. Dabei wird Wärmeenergie zum Heizen des Wohnraums abgegeben.

3 ⟶ 4: Im Drosselventil (Expansionsventil) wird das flüssige Kältemittel in das Nassdampfgebiet hinein entspannt.

4 ⟶ 1: Im Verdampfer geht das als Nassdampf vorliegende Kältemittel durch Zufuhr von Wärmeenergie (aus Luft, Erdreich oder Grundwasser) in den dampfförmigen Zustand über.

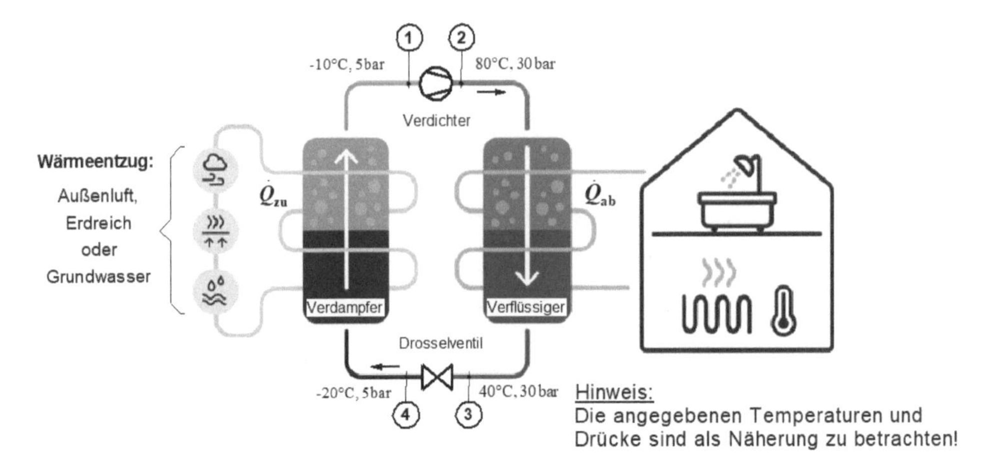

Bild 13.6 Wärmepumpe zur Heizung eines Wohnhauses – Prinzip, Firma LEW

Das log *p*-*h*-Diagramm für das Kältemittel R410A zeigt Bild 13.7.

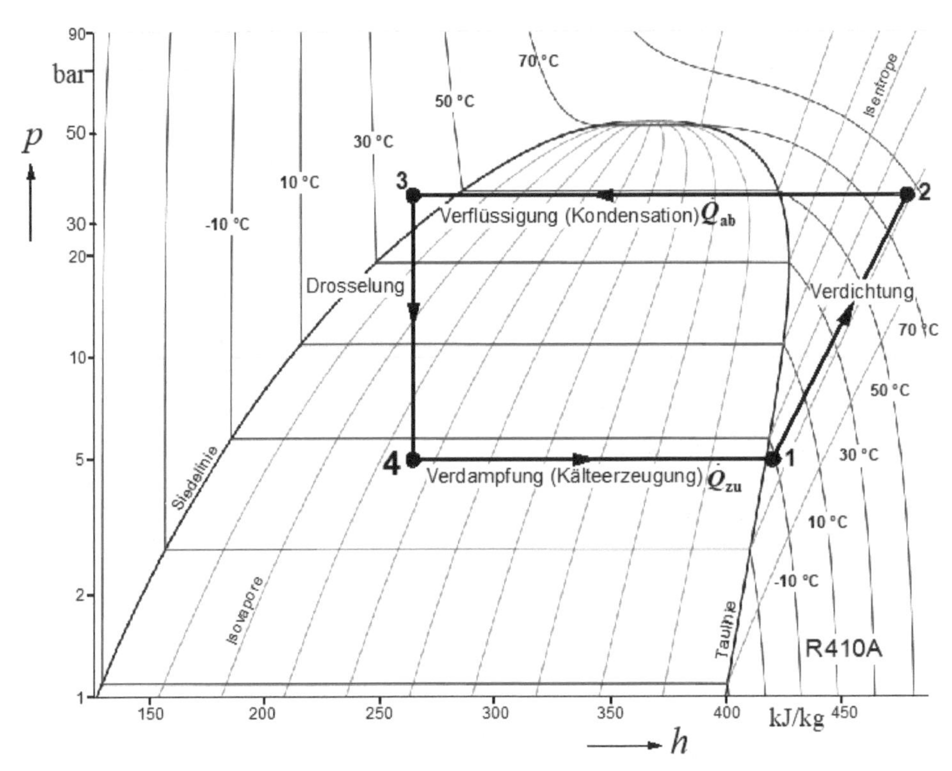

Bild 13.7 log *p*-*h*-Diagramm für das Kältemittel R410A – Zustandsänderungen, Firma TLK Energy

Der COP-Wert der Wärmepumpe gibt das Verhältnis der vom Kondensator abgegebenen Wärmeleistung zu der Verdichterleistung an

$$COP = \frac{\dot{Q}_{23}}{P_V} = \frac{\dot{m}\,(h_3 - h_2)}{\dot{m}\,(h_2 - h_1)} = \frac{h_3 - h_2}{h_2 - h_1} \tag{13.2}$$

Ein guter COP-Wert der Wärmepumpe beträgt 3 bis 5. Ist z. B. COP = 4, so gibt die Wärmepumpe das Vierfache an Wärmeleistung ab, als an Verdichterleistung aufgewendet werden muss.

14 Verbrennungen

14.1 Verbrennungsprozess

Bei einem *Verbrennungsprozess* werden dem Brennraum der Brennstoff und der Oxidator zugeführt. Im Brennraum erfolgt die Verbrennung der Stoffe (Oxidation); es wird einen Wärmestrom $\dot{Q}$ bewirkt, der z. B. zur Erwärmung des Wassers einer Wohnraumheizung dient (Bild 14.1). Den Brennraum verlassen am Austritt die Verbrennungsprodukte; das sind die oxidierten Gase, aber auch nicht verbrannte Aschebestandteile. Als Brennstoffe kommen flüssige, feste und gasförmige zum Einsatz. Hier erfolgt die Beschränkung auf gasförmige Brennstoffe. Exemplarisch wird das häufig zum Einsatz kommende *Erdgas*, das zum größten Teil aus Methan besteht, behandelt. Eine Verbrennung ist vollkommen, wenn keine brennbaren Bestandteile mehr vorhanden sind.

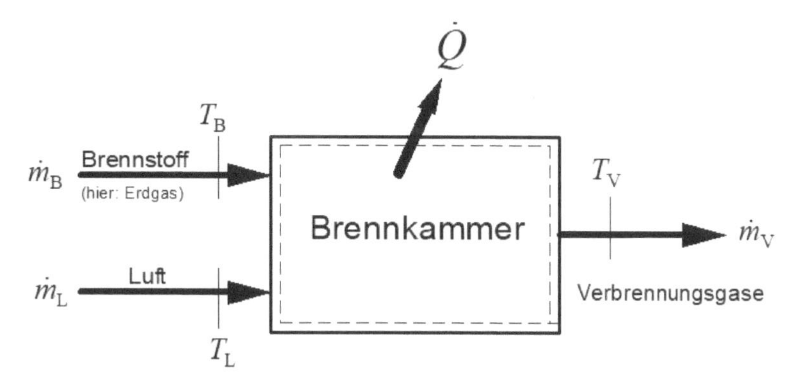

Bild 14.1 Stationärer Verbrennungsprozess – Schema

14.2 Erdgas

Die Bestandteile (Verhältnisse der Molanteile) des hier behandelten Erdgases sind in Tabelle 14.1 aufgeführt.

Tabelle 14.1 Molanteil-Verhältnisse von Erdgas der einzelnen Komponenten

CH_4 Methan	$\frac{n_{CH_4}}{n_{Erdgas}} = 0,896 \frac{\text{kmol } CH_4}{\text{kmol Erdgas}}$
C_2H_6 Ethan	$\frac{n_{C_2H_6}}{n_{Erdgas}} = 0,012 \frac{\text{kmol } C_2H_6}{\text{kmol Erdgas}}$
C_3H_8 Propan	$\frac{n_{C_3H_8}}{n_{Erdgas}} = 0,006 \frac{\text{kmol } C_3H_8}{\text{kmol Erdgas}}$
CO_2 Kohlendioxid	$\frac{n_{CO_2}}{n_{Erdgas}} = 0,028 \frac{\text{kmol } CO_2}{\text{kmol Erdgas}}$
N_2 Stickstoff	$\frac{n_{N_2}}{n_{Erdgas}} = 0,058 \frac{\text{kmol } N_2}{\text{kmol Erdgas}}$

Ablesebeispiel: Aus Tabelle 14.1 wird entnommen:
$r_{CH_4/Erdgas} = n_{CH_4}/n_{Erdgas} = 0,896 \frac{\text{kmol CH}_4}{\text{kmol Erdgas}}$; Erdgas besteht zu 89,6 % aus Methan.

14.3 Chemische Reaktionen

Die brennbaren Bestandteile des Gases reagieren in der Brennkammer nach Erwärmung und Zündung chemisch mit dem Sauerstoff der Luft. *Chemische Reaktionen* sind beispielsweise

$$H_2 + \frac{1}{2}O_2 \rightarrow H_2O \quad (14.1)$$

oder

$$C + O_2 \rightarrow CO_2 \quad (14.2)$$

Nach Gl. 14.2 verbrennt z. B. ein Atom Kohlenstoff C und ein Molekül Sauerstoff O_2 zu einem Molekül CO_2.

Auch lässt sich schreiben:

$$1 \text{ kmol C} + 1 \text{ kmol } O_2 = 1 \text{ kmol } CO_2 \quad (14.3)$$

$$1 \text{ kmol } H_2 + \frac{1}{2} \text{ kmol } O_2 = 1 \text{ kmol } H_2O \quad (14.4)$$

14.4 Sauerstoffbedarf

Die chemischen Reaktionen der brennbaren Erdgas-Bestandteile (Tabelle 14.1) lauten:

Methan CH_4: $1\ \text{kmol}\ CH_4 + 2\ \text{kmol}\ O_2 = 1\ \text{kmol}\ CO_2 + 2\ \text{kmol}\ H_2O$

Ethan C_2H_6: $1\ \text{kmol}\ C_2H_6 + \frac{7}{2}\ \text{kmol}\ O_2 = 2\ \text{kmol}\ CO_2 + 3\ \text{kmol}\ H_2O$

Propan C_3H_8: $1\ \text{kmol}\ C_3H_8 + 5\ \text{kmol}\ O_2 = 3\ \text{kmol}\ CO_2 + 4\ \text{kmol}\ H_2O$.

14.4.1 Molekül-Anzahl

Zur vollständigen Oxidation eines Erdgas-Kohlenstoffmoleküls C_xH_y ist insgesamt eine *Molekül-Anzahl* von

$$N_{O_2} = \left(x + \frac{y}{4}\right) \tag{14.5}$$

erforderlich.

Für die Stoffe Methan CH_4, Ethan C_2H_6 und Propan C_3H_8 ergeben sich folgende *Molekül-Anzahlen* zur vollständigen Oxidation:

Molekül-Anzahl $N_{O_2-\text{MethanCH}_4}$

$x_{\text{AtomeC}} = 1 \quad y_{\text{AtomeH}} = 4$

$$N_{O_2-\text{Methan}} = \left(x_{\text{AtomeC}} + \frac{y_{\text{AtomeH}}}{4}\right) = \left(1 + \frac{4}{4}\right) = (1+1) = 2$$

Molekül-Anzahl $N_{O_2-\text{EthanC}_2\text{H}_6}$

$x_{\text{AtomeC}} = 2 \quad y_{\text{AtomeH}} = 6$

$$N_{O_2-\text{Ethan}} = \left(x_{\text{AtomeC}} + \frac{y_{\text{AtomeH}}}{4}\right) = \left(2 + \frac{6}{4}\right) = \left(2 + \frac{3}{2}\right) = (2+1,5) = 3,5$$

Molekül-Anzahl $N_{O_2-\text{PropanC}_3\text{H}_8}$

$x_{\text{AtomeC}} = 3 \quad y_{\text{AtomeH}} = 8$

$$N_{O_2-\text{Propan}} = \left(x_{\text{AtomeC}} + \frac{y_{\text{AtomeH}}}{4}\right) = \left(3 + \frac{8}{4}\right) = (3+2) = 5$$

Für Propan C_3H_8 gilt beispielsweise:

$1\ \text{kmol}\ C_3H_8 + 5\ \text{kmol}\ O_2 = 3\ \text{kmol}\ CO_2 + 4\ \text{kmol}\ H_2O$ (s. o.)

Rechts vom Gleichheitszeichen ablesbar:

$$3O_2 + 4O = 3O_2 + 2O_2 = 5O_2 \quad \Rightarrow \quad N_{O_2-\text{Propan}} = 5$$

14.4.2 Mindestsauerstoffbedarf

Der *Mindestsauerstoffbedarf* ist die **Mindest**menge an O_2, die zur vollständigen Verbrennung der im Erdgas enthaltenen Komponente erforderlich ist.

Nach *Geller, W.* gilt für Erdgas:

$$M_{\text{Menge}O_2,C_xH_y} = \left(\frac{n_{O_2,C_xH_y}}{n_{\text{Erdgas}}}\right)_{\text{min}} = \frac{n_{C_xH_y}}{n_{\text{Erdgas}}}\left(\frac{n_{O_2,C_xH_y}}{n_{C_xH_y}}\right)_{\text{min}}$$

$$M_{\text{Menge}O_2,C_xH_y} = r_{C_xH_y/\text{Erdgas}}\left(x + \frac{y}{4}\right)\frac{\text{kmol } O_2}{\text{kmol Erdgas}} \tag{14.6}$$

Für die Stoffe Methan CH_4, Ethan C_2H_6 und Propan C_3H_8 ergeben sich folgende *Mindestmengen* bei vollständiger Oxidation:

$$M_{\text{Menge}O_2,CH_4} = 0,896\left(1 + \frac{4}{4}\right)\frac{\text{kmol } O_2}{\text{kmol Erdgas}} = 1,792\frac{\text{kmol } O_2}{\text{kmol Erdgas}}$$

Das ist der zur vollständigen Verbrennung von CH_4 benötigte Mindestsauerstoffbedarf.

$$M_{\text{Menge}O_2,C_2H_6} = 0,012\left(2 + \frac{6}{4}\right)\frac{\text{kmol } O_2}{\text{kmol Erdgas}} = 0,042\frac{\text{kmol } O_2}{\text{kmol Erdgas}}$$

Das ist der zur vollständigen Verbrennung vonC_2H_6 benötigte Mindestsauerstoffbedarf.

$$M_{\text{Menge}O_2,C_3H_8} = 0,006\left(3 + \frac{8}{4}\right)\frac{\text{kmol } O_2}{\text{kmol Erdgas}} = 0,03\frac{\text{kmol } O_2}{\text{kmol Erdgas}}$$

Das ist der zur vollständigen Verbrennung vonC_3H_8 benötigte Mindestsauerstoffbedarf.

14.4.3 Gesamter Mindestsauerstoffbedarf

Der *gesamte Mindestsauerstoffbedarf* für die Verbrennung des Erdgases ergibt sich nach *Geller, W.* als Summe der Mindestsauerstoffbedarfs-Mengen der Komponenten CH_4, C_2H_6 und C_3H_8 zu:

$$O_{\text{min}} = \sum (O_{\text{min}})_{C_xH_y} = \sum \left[r_{C_xH_y/\text{Erdgas}}\left(x + \frac{y}{4}\right)\right]_{C_xH_y}\frac{\text{kmol } O_2}{\text{kmol Erdgas}}$$

$$O_{\text{min}} = \sum (O_{\text{min}})_{CH_4,C_2H_6,C_3H_8} = (1,729 + 0,042 + 0,03)\frac{\text{kmol } O_2}{\text{kmol Erdgas}}$$

$$O_{\text{min}} = \sum (O_{\text{min}})_{CH_4,C_2H_6,C_3H_8} = 1,864\frac{\text{kmol } O_2}{\text{kmol Erdgas}}$$

Zur Verbrennung von 1 kmol Erdgas werden mindestens 1,864 kmol O_2 benötigt.

14.5 Mindestluftbedarf/Mindestluftmenge

Zur Oxidation der brennbaren Gase des Erdgases dient atmosphärische Luft, deren Mol- und Massenanteile betragen:

Molanteile: $r_{O_2/\text{Luft}} = n_{O_2}/n_L = 0,20948$ $\quad r_{N_2/\text{Luft}} = n_{N_2}/n_L = 0,79052$

Massenanteile: $\mu_{O_2/\text{Luft}} = m_{O_2}/m_L = 0,23142$ $\quad \mu_{N_2/\text{Luft}} = m_{N_2}/m_L = 0,76858$.

Der in der Luft enthaltene Wasserdampf wird vernachlässigt. Es handelt sich also um trockene Luft. In den o. g. Anteilen für Luftstickstoff sind auch die Edelgase enthalten.

Der molare Mindestluftbedarf ergibt sich zu

$$L_{\min} = \left(\frac{n_L}{n_{\text{Erdgas}}}\right)_{\min} \tag{14.7}$$

Wird die Verbrennung mit Luftüberschuss betrieben, was in der Regel der Fall ist, um eine vollständige Oxidation der brennbaren Komponenten zu gewährleiste, so besteht das Luftverhältnis λ aus der tatsächlich zugeführten Luftmenge L und der Mindest-Luftmenge $L_{\min}$:

$$\lambda = \frac{L}{L_{\min}} \tag{14.8}$$

14.6 Verbrennungsgase

Die chemischen Reaktions-Produkte der brennbaren Erdgas-Bestandteile sind nachfolgenden Beziehungen (rechts vom Gleichheitszeichen) zu entnehmen:

Methan CH_4: $1 \text{ kmol } CH_4 + 2 \text{ kmol } O_2 = 1 \text{ kmol } CO_2 + 2 \text{ kmol } H_2O$

Ethan C_2H_6: $1 \text{ kmol } C_2H_6 + \frac{7}{2} \text{ kmol } O_2 = 2 \text{ kmol } CO_2 + 3 \text{ kmol } H_2O$

Propan C_3H_8: $1 \text{ kmol } C_3H_8 + 5 \text{ kmol } O_2 = 3 \text{ kmol } CO_2 + 4 \text{ kmol } H_2O$.

Der molare Stickstoff-Anteil, der dem Brennraum zugeführt wird, berechnet sich zu

$$r_{N_2/\text{Erdgas}} = \frac{n_{N_2}}{n_{\text{Erdgas}}} = \frac{n_{N_2}}{n_L}\frac{n_L}{n_{\text{Erdgas}}} = r_{N_2/L}\left(\frac{n_L}{n_{\text{Erdgas}}}\right)_{\min} = r_{N_2/L} \cdot L_{\min} \tag{14.9}$$

Der Luftüberschuss wird

$$\Delta L = L - L_{\min} = (\lambda - 1)\, L_{\min} \tag{14.10}$$

Molanteile lassen sich in Massenanteile umrechnen; exemplarisch gilt hier für die Komponente CH_4

$$\mu_{CH_4} = \frac{m_{CH_4}}{m_{Erdgas}} = \frac{n_{CH_4}}{m_{Erdgas}} \frac{M_{CH_4}}{M_{Erdgas}}$$

$$\mu_{CH_4} = r_{CH_4/Erdgas} \frac{M_{CH_4}}{m_{Erdgas}} \tag{14.11}$$

Die bei der Verbrennung entstehende Kohlendioxidmenge pro kmol Erdgas bei Berücksichtigung des im Brennstoff bereits enthaltenen Anteils beträgt

$$\left(r_{CO_2/Erdgas}\right)_V = r_{CO_2/Erdgas} + x \cdot r_{CH_4/Erdgas} + x \cdot r_{C_2H_6/Erdgas} + x \cdot r_{C_3H_8/Erdgas}$$

Die bei der Verbrennung entstehende Wassermenge pro kmol Erdgas beträgt

$$\left(r_{H_2O/Erdgas}\right)_V = \frac{y}{2} r_{CH_4/Erdgas} + \frac{y}{2} r_{C_2H_6/Erdgas} + \frac{y}{2} r_{C_3H_8/Erdgas}$$

Die bei der Verbrennung entstehende Luftstickstoffmenge pro kmol Erdgas beträgt

$$\left(r_{N_2/Erdgas}\right)_V = r_{N_2/Erdgas} + 0,79052 \cdot L_{min}$$

In Anhang **A-4** ist eine Aufgabe zu finden, die sich insbesondere der Ermittlung der Zusammensetzung des bei der Verbrennung entstehenden Gases widmet.

14.7 Heizwert/Brennwert

Nach Bild 14.1 wird dem Brennraum der Luftmassenstrom $\dot{m}_L$ mit der Temperatur T_L und der Brennstoffmassenstrom $\dot{m}_B$ mit der Temperatur T_B zugeführt; das Verbrennungsgas verlässt den Brennraum mit dem Massenstrom $\dot{m}_V$ und der Temperatur T_V. Die im Brennstoff gebundene chemische Energie wird bei der Verbrennung in Form des nach außen abgegebenen Wärmestroms $\dot{Q}$, der für Heizzwecke nutzbar ist, abgegeben.

Es lautet der erste Hauptsatz (Bild 14.1)

$$\dot{Q} = \dot{m}_V \cdot h_V(T_V) - \{\dot{m}_B \cdot h_B(T_B) + \dot{m}_L \cdot h_L(T_L)\} \tag{14.12}$$

Um zum Heizwert $H_u(T_0)$ mit der Bezugstemperatur T_0 zu gelangen, werden in Gl. 14.12 die Enthalpien $h_L(T_0)$, $h_B(T_0)$ und $h_V(T_0)$ eingeführt. Das ergibt die Gleichung

$$\dot{Q} = \dot{m}_V \{h_V(T_V) - h_V(T_0)\} - \{\dot{m}_B [h_B(T_B) - h_B(T_0)] + \dot{m}_L [h_L(T_L) - h_L(T_0)]\}$$
$$-\dot{m}_B \left\{h_B(T_0) + \frac{\dot{m}_L}{\dot{m}_B} h_L(T_0) - \frac{\dot{m}_V}{\dot{m}_B} h_V(T_0)\right\} \quad (14.13)$$

Mit $\frac{\dot{m}_L}{\dot{m}_B} = \lambda \cdot l_{min}$ wird daraus, bei Bezug auf $\dot{m}_B$

$$q = \frac{\dot{m}_V}{\dot{m}_B} [h_V(T_V) - h_V(T_0)] - [(h_B(T_B) - h_B(T_0)) + \lambda \cdot l_{min} (h_L(T_L) - h_L(T_0))]$$
$$- \left\{h_B(T_0) + \lambda \cdot l_{min} \cdot h_L(T_0) - \frac{\dot{m}_V}{\dot{m}_B} h_V(T_0)\right\} \quad (14.14)$$

Der Term in der geschweiften Klammer ist der (spezifische) Heizwert des Brennstoffes bei der Bezugstemperatur T_0:

$$H_u(T_0) = \left\{h_B(T_0) + \lambda \cdot l_{min} \cdot h_L(T_0) - \frac{\dot{m}_V}{\dot{m}_B} h_V(T_0)\right\}$$

Eingesetzt in Gl. 14.14 ergibt sich

$$q = \frac{\dot{m}_V}{\dot{m}_B} [h_V(T_V) - h_V(T_0)] - [(h_B(T_B) - h_B(T_0)) +$$
$$\lambda \cdot l_{min} (h_L(T_L) - h_L(T_0))] - H_u(T_0) \quad (14.15)$$

Werden darin Temperaturen $T_L = T_B = T_V$ mit der Bezugstemperatur T_0 gleichgesetzt, ist

$$q = -H_u(T_0)$$

Der spezifische Heizwert ist somit die spezifische Wärmemenge, die bei vollkommener Verbrennung abgegeben wird (bezogen auf 1 kg Brennstoff).

Im Unterschied zum Heizwert $H_u(T_0)$ berücksichtigt der Brennwert $H_0(T_0)$ zusätzlich die Wärmemenge, die bei vollständiger Verflüssigung des im verbrannten Gas enthaltenen Wasserdampfes freigesetzt wird.

Heiz- und Brennwerte betragen für Methan

$$H_u(T_0) = 50,1 \frac{\text{MJ}}{\text{kg}}$$

$$H_0(T_0) = 55,5 \frac{\text{MJ}}{\text{kg}}$$

15 Quellen und weiterführende Literatur

Baehr, H. D.: Thermodynamik, Springer Verlag, Berlin, Heidelberg, New York, 2005

Bohn, D.; Gallus, H. E.: Wärme- Kraft und Arbeitsmaschinen, Umdruck zum Vorlesungsteil Turbomaschinen, RWTH Aachen, 1994

Böswirth, L.; Plint M. A.: Technische Wärmelehre, Ein Laboratoriums-Lehrgang, Hermann Schrödel Verlag, Hannover, 1977

Cerbe, W.; Wilhelms, G.: Technische Thermodynamik, Theoretische Grundlagen und praktische Anwendungen, Carl Hanser Verlag, München, 2007

Clausius, R.: Die mechanische Wärmetheorie, Adamant Media Corporation, 2005, Reproduktion des Werkes von 1876

Clausius, R.: Über den Zweiten Hauptsatz der Mechanischen Wärmetheorie, Vortrag, Frankfurt a. M., 1867

Falk, G.; Ruppel, W.: Energie und Entropie, Die Physik des Naturwissenschaftlers, Eine Einführung in die Thermodynamik, Springer Verlag, Berlin, Heidelberg, New York, 1976

Geller, W.: Thermodynamik für Maschinenbauer, Springer Verlag, Berlin, Heidelberg, New York, 3. Auflage 2004

Grollius, H. W.: Grundlagen der Pneumatik, Carl Hanser Verlag, München, 2020

Hering, E.; Martin, R.; Stohrer, M.: Physik für Ingenieure, VDI-Verlag GmbH, Berlin, 3. Auflage

Herwig, H.; Kautz, C. H.: Technische Thermodynamik, Pearson Education Deutschland GmbH, 2007

Herwig, H.; Wenterodt, T.: Entropie für Ingenieure, Erfolgreich das Entropie-Konzept bei energietechnischen Fragestellungen anwenden

Knoche, K. F.: Technische Thermodynamik, Studienbuch für Studenten des Maschinenbaus und der Elektrotechnik ab 1. Semester. Vieweg Verlag, Braunschweig

Kümmel, W.: Technische Strömungsmechanik, Theorie und Praxis, B. G. Teubner, Stuttgart, Leipzig, Wiesbaden, 2001

Labhuhn, D.; Romberg, O.: Keine Panik vor Thermodynamik, Erfolg und Spaß im klassischen „Dickbrettbohrerfach" des Ingenieurstudiums, Vieweg Verlag, Wiesbaden, 2005

Langeheinecke, K.; Jany P.; Sapper, E.: Thermodynamik für Ingenieure, Ein Lehr- und Arbeitsbuch für das Studium, Vieweg Verlag, Wiesbaden, 2003

Rant, Z.: Exergie, ein neues Wort für technische Arbeitsfähigkeit, Forschung Ingenieurwesen 22 (1956), 3637

Thess, A.: Das Entropieprinzip, Thermodynamik für Unzufriedene, Oldenbourg Verlag, München, Wien, 2007

Wilhelms, G.: Technische Thermodynamik, Übungsaufgaben, Carl Hanser Verlag, München, 2006

16 Anhang

16.1 Anhang A-1

Es soll nachfolgend gezeigt werden, dass der Abwärmestrom $\dot{Q}_{ab}$ einer Wärmekraftanlage an das Kühlwasser eines Kraftwerkes abgegeben wird; Herleitung von Gleichung 9.8.

Die Wärmekraftanlage besteht aus (Bild 16.1):

Wärmetauscher (1): Hier wird der nach unterschiedlichen Verfahren (Verbrennung, Solar, Kernkraft) erzeugte Wärmestrom $\dot{Q}$ an das Arbeitsfluid des (geschlossenen) thermodynamischen Systems übertragen. Das führt dazu, dass aus flüssigem Wasser Wasserdampf (gasförmiges Wasser) entsteht.

Turbine: In der Turbine expandiert der Wasserdampf unter Abgabe mechanischer Leistung, die zum Antrieb eines Generators (Stromerzeugung) genutzt wird.

Wärmetauscher (2), Kühlturm: Hier wird der Wärmestrom $\dot{Q}_{ab}$ übertragen, der wegen Erfüllung des zweiten Hauptsatzes abgeführt werden muss (Abwärmestrom). Am Austritt aus dem Wärmetauscher liegt wieder Wasser in flüssiger Form vor.

Speisewasserpumpe: Diese hat die Aufgabe, das Arbeitsfluid (flüssiges Wasser) auf den Turbineneintrittsdruck zu erhöhen. Im Wärmetauscher (1) entsteht dann durch Wärmezufuhr daraus Dampf (gasförmiges Wasser).

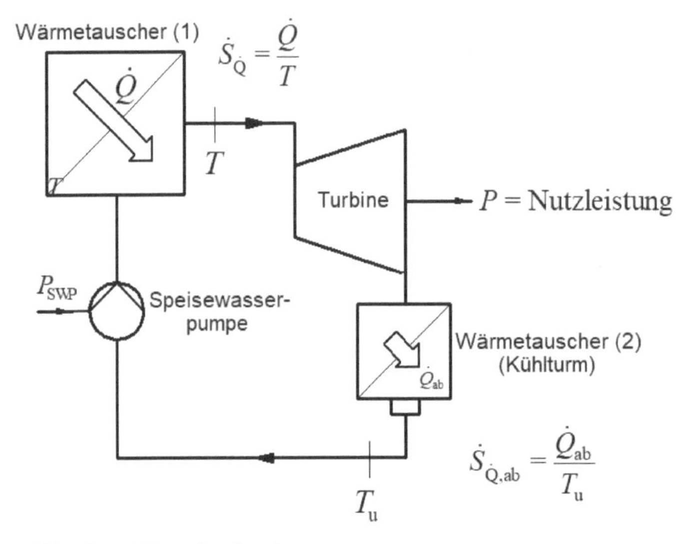

Bild 16.1 Wärmekraftanlage

Der Erste Hauptsatz lautet

$$\frac{dU}{d\tau} = \dot{Q} + \dot{Q}_{ab} + P = 0 \qquad \Rightarrow \qquad -P = \dot{Q} + \dot{Q}_{ab} = \dot{Q} - \left|\dot{Q}_{ab}\right|$$

Um möglichst viel vom zugeführten Wärmestrom $\dot{Q}$ in mechanische Leistung umzuwandeln, sollte der Abwärmestrom $\dot{Q}_{ab}$ betragsmäßig so klein wie möglich sein. Der thermische Wirkungsgrad der Wärmekraftmaschine

$$\eta_{th} = \frac{-P}{\dot{Q}} = \frac{\dot{Q} - \left|\dot{Q}_{ab}\right|}{\dot{Q}} = 1 - \frac{\left|\dot{Q}_{ab}\right|}{\dot{Q}}$$

nimmt dann seinen höchsten Wert an.

Der zweite Hauptsatz in Form der Entropiebilanzgleichung lautet

$$\frac{dS}{d\tau} = \frac{\dot{Q}}{T} + \frac{\dot{Q}_{ab}}{T_u} + \dot{S}_{irr} = 0$$

und liefert den Abwärmestrom, der an das Kühlwasser des Kühlturms abgegeben wird:

$$\frac{\dot{Q}_{ab}}{T_u} = -\frac{\dot{Q}}{T} - \dot{S}_{irr} = -\left(\frac{\dot{Q}}{T} + \dot{S}_{irr}\right)$$

$$\Rightarrow \dot{Q}_{ab} = -T_u\left(\frac{\dot{Q}}{T} + \dot{S}_{irr}\right) = -T_u\left(\dot{S}_Q + \dot{S}_{irr}\right) \tag{16.1}$$

Mit $\dot{S}_{\text{irr}} = 0$ ergibt sich $\dot{S}_{\text{irr}} = 0$

$$\left|\dot{Q}_{\text{ab}}\right| = \frac{T_{\text{u}}}{T}\dot{Q} = \dot{B}_{\text{Q}} \tag{16.2}$$

Gleichung 16.1 besagt: Will man eine kontinuierliche Umwandlung eines Wärmestroms in mechanische Leistung erreichen, so müssen der zugeführte Entropiestrom $\dot{S}_{\dot{Q}} = \dot{Q}/T$ **und** der in der Anlage erzeugte Entropiestrom $\dot{S}_{\text{irr}}$ durch einen Abwärmestrom $\dot{Q}_{\text{ab}}$ kontinuierlich abgeführt werden.

Der zugeführte Wärmestrom $\dot{Q}$ lässt sich also nur zum Teil in Nutzleistung umwandeln; ein Teil des Wärmestroms muss als Abwärmestrom $\dot{Q}_{\text{ab}}$ wieder abgegeben werden (Bild 16.1).

16.2 Anhang A-2

Gleichung 9.22, $E_{\text{U}_2} = E_{\text{U}_1} + E_{\text{Q12}} + W_{\text{N12}}$, kommt wie folgt zustande:

$$E_{\text{U}_2} - E_{\text{U}_1} = E_{\text{Q12}} + W_{\text{N12}}$$

$$E_{\text{U}_1} = U_1 - U_{\text{u}} + p_{\text{u}}\,(V_1 - V_{\text{u}}) - T_{\text{u}}\,(S_1 - S_{\text{u}})$$

$$E_{\text{U}_2} = (U_2 - U_{\text{u}}) + p_{\text{u}}\,(V_2 - V_{\text{u}}) - T_{\text{u}}\,(S_2 - S_{\text{u}})$$

$$E_{\text{U}_2} - E_{\text{U}_1} = (U_2 - U_{\text{u}}) + p_{\text{u}}\,(V_2 - V_{\text{u}}) - T_{\text{u}}\,(S_2 - S_{\text{u}}) - \left[(U_1 - U_{\text{u}}) + p_{\text{u}}\,(V_1 - V_{\text{u}}) - T_{\text{u}}\,(S_1 - S_{\text{u}})\right]$$

$$E_{\text{U}_2} - E_{\text{U}_1} = (U_2 - U_{\text{u}}) + p_{\text{u}}\,(V_2 - V_{\text{u}}) - T_{\text{u}}\,(S_2 - S_{\text{u}}) - (U_1 - U_{\text{u}}) - p_{\text{u}}\,(V_1 - V_{\text{u}}) + T_{\text{u}}\,(S_1 - S_{\text{u}})$$

$$E_{\text{U}_2} - E_{\text{U}_1} = U_2 - U_{\text{u}} + p_{\text{u}} \cdot V_2 - p_{\text{u}} \cdot V_{\text{u}} - T_{\text{u}} \cdot S_2 + T_{\text{u}} \cdot S_{\text{u}} - U_1 + U_{\text{u}} - p_{\text{u}} \cdot V_1 + p_{\text{u}} \cdot V_{\text{u}} + T_{\text{u}} \cdot S_1 - T_{\text{u}} \cdot S_{\text{u}}$$

$$E_{\text{U}_2} - E_{\text{U}_1} = (U_2 - U_1) + p_{\text{u}}\,(V_2 - V_1) - T_{\text{u}}\,(S_2 - S_1)$$

$$U_2 - U_1 = Q_{12} + W_{\text{V12}}$$

$$E_{\text{U}_2} - E_{\text{U}_1} = Q_{12} + W_{\text{V12}} + p_{\text{u}}\,(V_2 - V_1) - T_{\text{u}}\,(S_2 - S_1)$$

$$W_{\text{V12}} = W_{\text{N12}} - p_{\text{u}}\,(V_2 - V_1)$$

$$E_{\text{U}_2} - E_{\text{U}_1} = Q_{12} + W_{\text{N12}} - p_{\text{u}}\,(V_2 - V_1) + p_{\text{u}}\,(V_2 - V_1) - T_{\text{u}}\,(S_2 - S_1)$$

$$E_{\text{U}_2} - E_{\text{U}_1} = Q_{12} + W_{\text{N12}} - T_{\text{u}}\,(S_2 - S_1)$$

$$E_{\text{U}_2} - E_{\text{U}_1} = Q_{12} - T_{\text{u}}\,(S_2 - S_1) + W_{\text{N12}}$$

Gleichung 9.3:

$$E_{Q_{12}} = Q_{12} - T_u \left(S_2 - S_1\right)$$

$$E_{U_2} - E_{U_1} = E_{Q12} + W_{N12}$$

Gleichung 9.22:

$$E_{U_2} = E_{U_1} + E_{Q12} + W_{N12}$$

16.3 Anhang A-3

Gleichung 9.25, $E_{UV} = T_u \cdot S_{irr12}$, kommt wie folgt zustande:

$$E_{U_1} = U_1 - U_u + p_u \left(V_1 - V_u\right) - T_u \left(S_1 - S_u\right)$$

$$E_{U_{2,irr}} = U_2 - U_u + p_u \left(V_2 - V_u\right) - T_u \left(S_{2,irr} - S_u\right)$$

$$E_{U_1} - E_{U_{2,irr}} = U_1 - U_u + p_u \left(V_1 - V_u\right) - T_u \left(S_1 - S_u\right) - \left[U_2 - U_u + p_u \left(V_2 - V_u\right) - T_u \left(S_{2,irr} - S_u\right)\right]$$

$$E_{U_1} - E_{U_{2,irr}} = U_1 - U_u + p_u \left(V_1 - V_u\right) - T_u \left(S_1 - S_u\right) - U_2 + U_u - p_u \left(V_2 - V_u\right) + T_u \left(S_{2,irr} - S_u\right)$$

$$E_{U_1} - E_{U_{2,irr}} = U_1 - U_u + p_u \cdot V_1 - p_u \cdot V_u - T_u \cdot S_1 + T_u \cdot S_u - U_2 + U_u - p_u \cdot V_2 + p_u \cdot V_u + T_u \cdot S_{2,irr} - T_u \cdot S_u$$

$$E_{U_1} - E_{U_{2,irr}} = U_1 - U_2 + p_u \left(V_1 - V_2\right) - T_u \left(S_1 - S_u\right) + T_u \left(S_{2,irr} - S_u\right)$$

$$E_{U_1} - E_{U_{2,irr}} = U_1 - U_2 + p_u \left(V_1 - V_2\right) - T_u \cdot S_1 + T_u \cdot S_u + T_u \cdot S_{2,irr} - T_u \cdot S_u$$

$$E_{U_1} - E_{U_{2,irr}} = U_1 - U_2 + p_u \left(V_1 - V_2\right) - T_u \cdot S_1 + T_u \cdot S_{2,irr}$$

$$E_{U_1} - E_{U_{2,irr}} = U_1 - U_2 + p_u \left(V_1 - V_2\right) - T_u \left(S_1 - S_{2,irr}\right)$$

Gleichung 9.3:

$$E_{Q12} = Q_{12} - T_u \cdot S_{Q12}$$

$$E_{UV} = E_{U_1} - E_{U_{2,irr}} + E_{Q12} + W_{N12}$$

(s. o.)

Die Nutzarbeit W_{N12} ist die an der Kolbenstange zur Verfügung stehende Arbeit (Bild 16.2):

$$W_{N12} = -\int_1^2 pdV + p_u (V_2 - V_1)$$

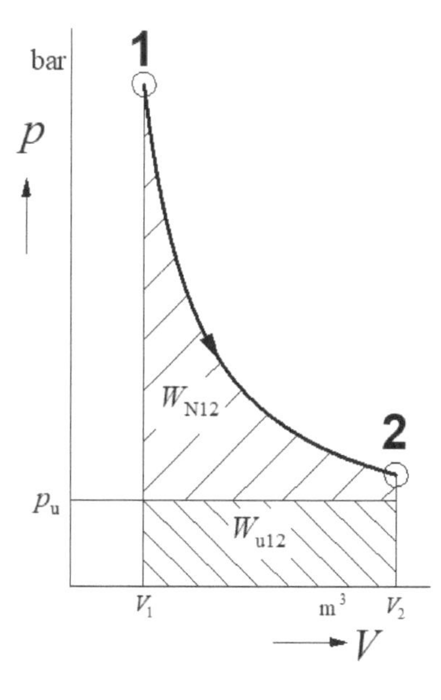

Bild 16.2
Zur Erläuterung der Nutzarbeit

$$E_{UV} = U_1 - U_2 + p_u (V_1 - V_2) - T_u \left(S_1 - S_{2,irr}\right) + Q_{12} - T_u \cdot S_{Q12} - \int_1^2 pdV + p_u (V_2 - V_1)$$

$$E_{UV} = U_1 - U_2 + p_u (V_1 - V_2) - T_u \cdot S_1 + T_u \cdot S_{2,irr} + Q_{12} - T_u \cdot S_{Q12} - \int_1^2 pdV - p_u (V_1 - V_2)$$

$$E_{UV} = U_1 - U_2 + Q_{12} - \int_1^2 pdV - T_u \cdot S_1 + T_u \cdot S_{2,irr} - T_u \cdot S_{Q12}$$

$$E_{UV} = -\left\{U_2 - U_1 - Q_{12} + \int_1^2 pdV\right\} - T_u \cdot S_1 + T_u \cdot S_{2,irr} - T_u \cdot S_{Q12}$$

Der in geschweifter Klammer stehende Ausdruck ist als Energiebilanz des ersten Hauptsatzes gleich Null.

$$E_{UV} = -T_u \cdot S_1 + T_u \cdot S_{2,irr} - T_u \cdot S_{Q12}$$

$$E_{UV} = T_u \left(S_{2,irr} - S_{Q12} - S_1\right)$$

$$E_{UV} = T_u \left[S_{2,irr} - \left(S_1 + S_{Q12}\right)\right]$$

$$S_{2,irr} - S_1 = S_{Q12} + S_{irr,12}$$

$$\Delta S_{irr,12} = \left(S_{2,irr} - S_1\right) - S_{Q12} = S_{2,irr} - \left(S_1 + S_{Q12}\right)$$

Gleichung 9.25:

$$E_{UV} = T_u \cdot S_{irr,12}$$

16.4 Anhang A-4

Aufgabe:

In Anlehnung an *Geller, W.*, Thermodynamik für Maschinenbauer.

Erdgas wird mit trockener Luft bei einem Luftverhältnis von $\lambda = 1{,}36$ vollständig verbrannt.

Gesucht:

1. Mindestsauerstoffbedarf
2. Tatsächliche Brenn**luft**menge
3. Zusammensetzung des Verbrennungsgases in Molanteilen
4. Luftüberschuss

Lösung:

Zu 1: Mindestsauerstoffbedarf

Tabelle 16.1 Zur Ermittlung des Sauerstoffbedarfs der Erdgas-Komponenten

Erdgaskomponente		x	y	$(O_{min})_{C_xH_y}$
Methan CH_4	$r_{CH_4/Erdgas} = 0,896$	1	4	$(O_{min})_{CH_4} = 1,792$ kmol O_2/kmol Erdgas
Ethan C_2H_6	$r_{C_2H_6/Erdgas} = 0,012$	2	6	$(O_{min})_{C_2H_6} = 0,042$ kmol O_2/kmol Erdgas
Propan C_3H_8	$r_{C_3H_8/Erdgas} = 0,006$	3	8	$(O_{min})_{C_3H_8} = 0,03$ kmol O_2/kmol Erdgas

Der *Mindestsauerstoffbedarf* ergibt sich zu (Tabelle 16.1)

$$\sum (O_{min})_{CH_4,C_2H_6,C_3H_8} = (O_{min})_{CH_4} + (O_{min})_{C_2H_6} + (O_{min})_{C_3H_8}$$

$$\sum (O_{min})_{CH_4,C_2H_6,C_3H_8} = (1,792 + 0,042 + 0,03)\,\frac{\text{kmol O}_2}{\text{kmol Erdgas}}$$

$$\sum (O_{min})_{CH_4,C_2H_6,C_3H_8} = 1,864\frac{\text{kmol O}_2}{\text{kmol Erdgas}}$$

Zu 2: Tatsächliche Brenn**luft**menge

Der Mindestluftbedarf ergibt sich zu

$$L_{min} = \frac{\sum (O_{min})_{CH_4,C_2H_6,C_3H_8}}{r_{O_2/\text{Luft}}} = \frac{1,864\frac{\text{kmol O}_2}{\text{kmol Erdgas}}}{0,20948\frac{\text{kmol O}_2}{\text{kmol Luft}}}$$

$$L_{min} = 8,898\frac{\text{kmol Luft}}{\text{kmol Erdgas}}$$

Die *tatsächliche Brennluftmenge* bei Verbrennung mit Luftüberschuss beträgt

$$L = \lambda \cdot L_{min} = 1,36 \cdot 8,898\frac{\text{kmol Luft}}{\text{kmol Erdgas}} = 12,102\frac{\text{kmol Luft}}{\text{kmol Erdgas}}$$

Zu 3: Zusammensetzung des Verbrennungsgases in Molanteilen

Ermittlung der auf die Brennstoffmenge bezogenen Molanteile $(r_{CH_4/\text{Erdgas}})_V$, $(r_{C_2H_6/\text{Erdgas}})_V$ und $(r_{C_3H_8/\text{Erdgas}})_V$ der im Verbrennungsgas enthaltenen Komponenten (Tabelle 16.2).

Tabelle 16.2 Zur Ermittlung der bei der Verbrennung entstehenden Anteile

Erdgaskomponente		x	y	$(x \cdot r_{C_xH_y/\text{Erdgas}})_V$ kmol CO_2/kmol Erdgas	$(y/2 \cdot r_{C_xH_y/\text{Erdgas}})_V$ kmol H_2O/kmol Erdgas
Methan CH_4	$r_{CH_4/\text{Erdgas}} = 0,896$	1	4	$(x \cdot r_{CH_4/\text{Erdgas}})_V = 0,896$	$(y/2 \cdot r_{CH_4/\text{Erdgas}})_V = 1,792$ *
Ethan C_2H_6	$r_{C_2H_6/\text{Erdgas}} = 0,012$	2	6	$(x \cdot r_{C_2H_6/\text{Erdgas}})_V = 0,024$	$(y/2 \cdot r_{C_2H_6/\text{Erdgas}})_V = 0,036$
Propan C_3H_8	$r_{C_3H_8/\text{Erdgas}} = 0,006$	3	8	$(x \cdot r_{C_3H_8/\text{Erdgas}})_V = 0,018$	$(y/2 \cdot r_{C_3H_8/\text{Erdgas}})_V = 0,024$

* Ablesebeispiel: Bei der Verbrennung der Erdgas-Komponente CH_4 entsteht Wasser von 1,792 kmol H_2O/kmol Erdgas

Die *Wassermenge* pro kmol Erdgas beträgt

$$\left(r_{H_2O/Erdgas}\right)_V = \frac{y}{2} r_{CH_4/Erdgas} + \frac{y}{2} r_{C_2H_6/Erdgas} + \frac{y}{2} r_{C_3H_8/Erdgas}$$

$$\left(r_{H_2O/Erdgas}\right)_V = (1,792 + 0,036 + 0,024) \ \frac{\text{kmol } H_2O}{\text{kmol Erdgas}}$$

$$\left(r_{H_2O/Erdgas}\right)_V = 1,852 \frac{\text{kmol } H_2O}{\text{kmol Erdgas}}$$

Die *Kohlendioxidmenge* pro kmol Erdgas beträgt bei Berücksichtigung des im Brennstoff bereits enthaltenen Anteils

$$\left(r_{CO_2/Erdgas}\right)_V = r_{CO_2/Erdgas} + x \cdot r_{CH_4/Erdgas} + x \cdot r_{C_2H_6/Erdgas} + x \cdot r_{C_3H_8/Erdgas}$$

$$\left(r_{CO_2/Erdgas}\right)_V = r_{CO_2/Erdgas} + (0,896 + 0,024 + 0,018) \ \frac{\text{kmol } CO_2}{\text{kmol Erdgas}}$$

$$r_{CO_2/Erdgas} = n_{CO_2}/n_{Erdgas} = 0,028 \ \frac{\text{kmol } CO_2}{\text{kmol Erdgas}}$$

$$\left(r_{CO_2/Erdgas}\right)_V = 0,028 \ \frac{\text{kmol } CO_2}{\text{kmol Erdgas}} + (0,896 + 0,024 + 0,018) \ \frac{\text{kmol } CO_2}{\text{kmol Erdgas}}$$

$$\left(r_{CO_2/Erdgas}\right)_V = 0,966 \ \frac{\text{kmol } CO_2}{\text{kmol Erdgas}}$$

Der *Molanteil des Luftstickstoffs* beträgt bei stöchiometrischer Verbrennung

$$\left(r_{N_2/Erdgas}\right)_V = r_{N_2/Erdgas} + 0,79052 \cdot L_{min}$$

$$\left(r_{N_2/Erdgas}\right)_V = 0,058 \frac{\text{kmol Luft}}{\text{kmol Erdgas}} + 0,79052 \cdot 8,898 \frac{\text{kmol Luft}}{\text{kmol Erdgas}}$$

$$\left(r_{N_2/Erdgas}\right)_V = 7,092 \frac{\text{kmol Luft}}{\text{kmol Erdgas}}$$

Zu 4: Luftüberschuss

Der *Luftüberschuss* beträgt

$$\Delta L = L - L_{\ min} = (12,102 - 8,898) \ \frac{\text{kmol Luft}}{\text{kmol Erdgas}} = 3,204 \frac{\text{kmol Luft}}{\text{kmol Erdgas}}$$

Index

E

F

G

H

I

K

L

M

N

O

P

R

S

T

U

V